중등수학

개념으로 한번에 내신 대비까지!

활용도 개념부터!

$$3x = x+4$$

일차방정식

개념이 먼저다 ①

안녕~ 만나서 반가워!
지금부터 일차방정식
공부 시작!

책의 구성과 특징

책 소개를 해 줄게.
이렇게 활용해 봐~

1 단원 소개

이 단원에서 배울 내용을

간단히 알 수 있어.

그냥 넘어가지 말고 꼭 읽어 봐!

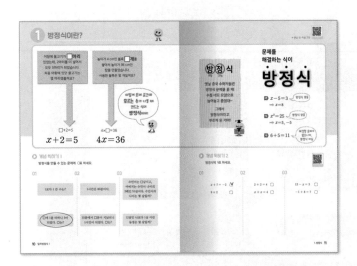

2 개념 설명,
개념 익히기

꼭 알아야 하는 중요한 개념이

여기에 들어있어.

꼼꼼히 읽어 보고, 개념을 익힐 수 있는

문제도 풀어 봐!

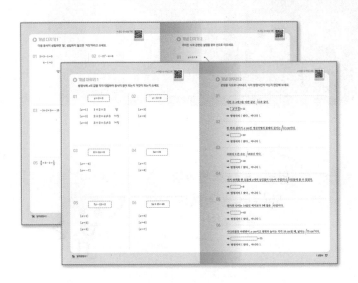

3 개념 다지기,
개념 마무리

배운 개념을 문제를 통하여 우리 친구의

것으로 완벽히 만들어주는 과정이야.

아주아주 좋은 문제들로만 엄선했으니까

건너뛰는 부분 없이 다 풀어봐야 해~

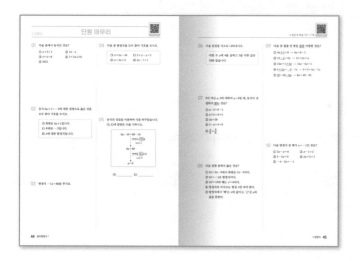

4 단원 마무리

한 단원이 끝날 때 얼마나

잘 이해했는지 스스로 확인해 봐~

서술형 문제도 있으니까

진짜 시험이다~ 생각하면서 풀면

학교 내신 대비도 할 수 있어!

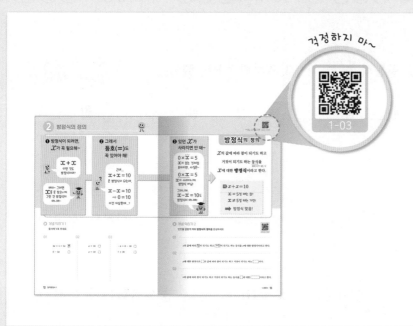

⭐ QR코드

매 페이지 구석구석에

개념 설명과 문제 풀이 강의가

QR코드로 들어있다구~

혼자 공부하기 어려운 친구들은

QR코드를 스캔해 봐!

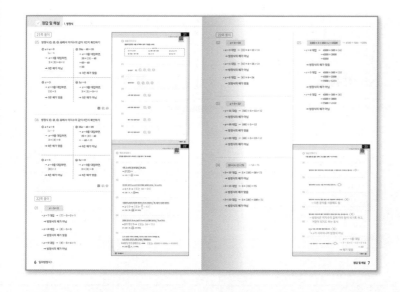

⭐ 친절한 해설

바로 옆에서 선생님이 설명해주는

것처럼 작은 과정 하나도 놓치지 않고

자세하게 풀이를 담았어.

틀린 문제의 풀이를 보면

정확히 어느 부분에서 틀렸는지

쉽게 알 수 있을 거야~

My study scheduler

학습 스케줄러

1. 방정식

1. 방정식이란?	2. 방정식의 정의	3. 미지수와 해	4. 등식의 성질
___월 ___일	___월 ___일	___월 ___일	___월 ___일
성취도 : ☺ ☺ ☹	성취도 : ☺ ☺ ☹	성취도 : ☺ ☺ ☹	성취도 : ☺ ☺ ☹

2. 일차방정식

1. 일차방정식	2. 항등식	3. 일차방정식의 풀이	4. 계수가 소수인 일차방정식 (1)
___월 ___일	___월 ___일	___월 ___일	___월 ___일
성취도 : ☺ ☺ ☹	성취도 : ☺ ☺ ☹	성취도 : ☺ ☺ ☹	성취도 : ☺ ☺ ☹

3. 일차방정식의 활용

1. 어떤 수 문제	2. 연속하는 수 문제 (1)	3. 연속하는 수 문제 (2)
___월 ___일	___월 ___일	___월 ___일
성취도 : ☺ ☺ ☹	성취도 : ☺ ☺ ☹	성취도 : ☺ ☺ ☹

학습한 날짜와 중요한 내용을 메모해 두고,
스스로 성취도를 표시해 봐!

1. 방정식

5. 방정식 풀기 (1)	6. 방정식 풀기 (2)	7. 이항
___월 ___일	___월 ___일	___월 ___일
성취도 : ☺ 😐 ☹	성취도 : ☺ 😐 ☹	성취도 : ☺ 😐 ☹

2. 일차방정식

5. 계수가 소수인 일차방정식 (2)	6. 계수가 분수인 일차방정식 (1)	7. 계수가 분수인 일차방정식 (2)	8. 일차방정식의 응용
___월 ___일	___월 ___일	___월 ___일	___월 ___일
성취도 : ☺ 😐 ☹	성취도 : ☺ 😐 ☹	성취도 : ☺ 😐 ☹	성취도 : ☺ 😐 ☹

3. 일차방정식의 활용

4. 자릿수에 대한 문제	5. 나이에 대한 문제
___월 ___일	___월 ___일
성취도 : ☺ 😐 ☹	성취도 : ☺ 😐 ☹

교과서 속의 방정식

중학교 1학년	• 문자의 사용과 식의 계산 • 일차방정식 • 일차방정식의 활용

방정식은 초등학교 때부터 경험하지만, 방정식이라는 용어를 본격적으로 사용하는 것은 중학교 때부터입니다. 중학교 1학년이 되면 문자를 사용한 식을 계산하고, 문장을 식으로 바꾸는 방법을 익힙니다. 그리고 여러 가지 유형의 일차방정식을 중학교 2학년 때까지 배우게 되죠.

중학교 2학년	• 연립일차방정식 • 일차함수와 일차방정식 • 연립일차방정식의 해와 그래프

중학교 3학년이 되면 이차방정식이 등장합니다. 이차방정식은 인수분해, 완전제곱식, 근의 공식, 이렇게 3가지 방법으로 풀 수 있습니다. 완전제곱식을 이용하는 방법은 자주 사용되지는 않지만, 이차함수에서 필요하므로 잘 알아두어야 하는 내용입니다.

중학교 3학년	• 인수분해 • 이차방정식

고등학교 1학년	• 이차방정식과 이차함수 • 여러 가지 방정식 • 도형의 방정식

마지막으로 삼차 이상의 방정식인 고차방정식은 고등학교 1학년 과정에서 배우게 됩니다. 조립제법이나 치환법 등 고차방정식을 위한 새로운 풀이법도 함께 배우는데, 이것들은 모두 인수분해를 기본으로 하는 방법입니다.

고등학교 2, 3학년	• 지수방정식, 로그방정식 • 삼각방정식

차 례

1 방정식

1. 방정식이란? ·······················10

2. 방정식의 정의 ·····················12

3. 미지수와 해 ······················18

4. 등식의 성질·······················24

5. 방정식 풀기 (1) ···················30

6. 방정식 풀기 (2) ···················32

7. 이항 ····························38

    단원 마무리·······················44

2 일차방정식

1. 일차방정식 ······················52

2. 항등식 ··························58

3. 일차방정식의 풀이 ················60

4. 계수가 소수인 일차방정식 (1) ···66

5. 계수가 소수인 일차방정식 (2) ···68

6. 계수가 분수인 일차방정식 (1) ···74

7. 계수가 분수인 일차방정식 (2) ···80

8. 일차방정식의 응용 ···············86

    단원 마무리·······················92

3 일차방정식의 활용

1. 어떤 수 문제 ·····················100

2. 연속하는 수 문제 (1) ············106

3. 연속하는 수 문제 (2) ············108

4. 자릿수에 대한 문제···············114

5. 나이에 대한 문제·················120

    단원 마무리·······················126

1 방정식

이번 단원에서 배울 내용

1 방정식이란?

2 방정식의 정의

3 미지수와 해

4 등식의 성질

5 방정식 풀기 (1)

6 방정식 풀기 (2)

7 이항

<初등학교 때 배웠던 **식**>

- 덧셈식

- 뺄셈식

- 곱셈식

- 나눗셈식

- 혼합 계산식

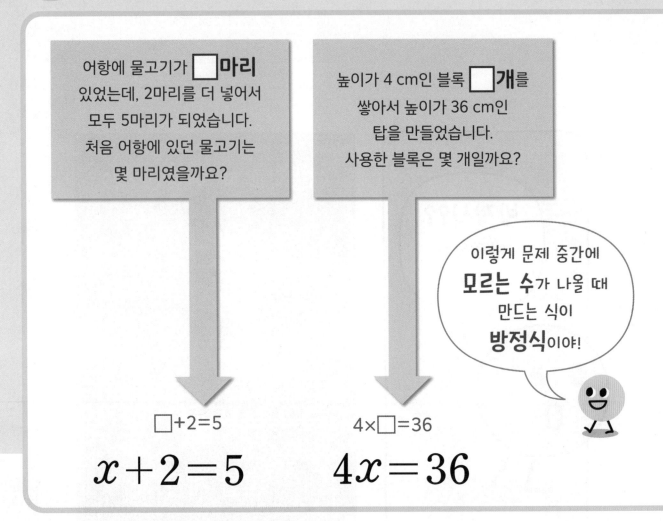

어항에 물고기가 ☐**마리** 있었는데, 2마리를 더 넣어서 모두 5마리가 되었습니다. 처음 어항에 있던 물고기는 몇 마리였을까요?

높이가 4 cm인 블록 ☐**개**를 쌓아서 높이가 36 cm인 탑을 만들었습니다. 사용한 블록은 몇 개일까요?

이렇게 문제 중간에 **모르는 수**가 나올 때 만드는 식이 **방정식**이야!

☐+2=5

4×☐=36

$$x+2=5 \qquad 4x=36$$

▶ **개념 익히기 1**

방정식을 만들 수 있는 문제에 ◯표 하세요.

01

1보다 1 큰 수는?

☐에 1을 더하니 3이 되었다. ☐는?

02

1시간은 60분이다.

15분에서 ☐분이 지났더니 1시간이 되었다. ☐는?

03

수민이는 ☐살이고, 아버지는 수민이 나이의 3배인 51살이다. 수민이의 나이는 몇 살일까?

12살인 나보다 1살 어린 동생은 몇 살일까?

네모　과정

옛날 중국 수학자들은
방정식 문제를 풀 때
수를 네모 모양으로
늘어놓고 풀었대~

그래서
방정식이라고
부르게 된 거야!

문제를 해결하는 식이

방정식

예) $x - 5 = 3$ 〔방정식 맞음〕

➡ $x = 8$

예) $x^2 = 25$ 〔방정식 맞음〕

➡ $x = 5, -5$

예) $6 + 5 = 11$ 〔해결할 문제가 없으니까, 방정식 아님〕

▶ 개념 익히기 2

방정식에 V표 하세요.

01

$x + 7 = -2$ ☑

$9 + 2$ ☐

02

$2 + 2 = 4$ ☐

$x + x = 4$ ☐

03

$13 - x = 3$ ☐

$-1 + 8 = 7$ ☐

② 방정식의 정의

❶ 방정식이 되려면, x가 꼭 필요해~

$$x + x$$

이런 것도 방정식이야?

에이~ 그러면 x를 못 찾으니까 그런 건 방정식이 아니야~

❷ 그래서 등호(＝)도 꼭 있어야 해!

근데...

$$x + x = 10$$

은 방정식이 되는데,

$$x - x = 10$$

$$\rightarrow 0 = 10$$

이건 이상한데...?

▶ **개념 익히기 1**

등식에 V표 하세요.

01

$3x + 1 = 2x$ ☑

$5 - 2x$ ☐

02

$x > 10$ ☐

$x = 10$ ☐

03

$-4 = 6 - 10$ ☐

$7 + 20$ ☐

방정식의 정의

❸ 있던 x가
사라지면 안 돼~

$0 \times x = 5$

x가 있는 것처럼
보이지만, 사실은~

$0 \times x = 5$

x가 사라지니까
방정식 아님!

그러니까,
$x - x = 10$도
방정식이 아니야!

x의 값에 따라 참이 되기도 하고
거짓이 되기도 하는 등식을
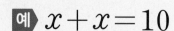
등호(=)가 있는 식
x에 대한 **방정식**이라고 한다.

예 $x + x = 10$

$x = 5$일 때는 참!

$x \neq 5$일 때는 거짓!

➡ 방정식 맞음!

▶ **개념 익히기 2**

빈칸을 알맞게 채워 **방정식의 정의**를 완성하세요.

1-04

01

x의 값에 따라 참이 되기도 하고 거짓이 되기도 하는 등식을 x에 대한 방정식이라고 한다.

02

x에 대한 방정식은 ☐의 값에 따라 참이 되기도 하고 거짓이 되기도 하는 ☐☐☐이다.

03

x의 값에 따라 참이 되기도 하고 거짓이 되기도 하는 등식을 ☐에 대한 ☐☐☐☐이라고 한다.

▶ 개념 다지기 1

다음 등식이 성립하면 '참', 성립하지 않으면 '거짓'이라고 쓰세요.

01 $2 \times 3 - 1 = 5$

$6 - 1 = 5$

답: 참

02 $(-2)^2 - 4 = 0$

03 $-3 + 2 \times 5 = -13$

04 $1 - \dfrac{1}{2} + \dfrac{1}{2} = 0$

05 $\dfrac{4}{9} \times 3 - 1 = \dfrac{1}{3}$

06 $2 \times (-1)^2 - 3 \times (-1) + 1 = 0$

▶ 개념 다지기 2

주어진 식과 관련된 설명을 찾아 선으로 이으세요.

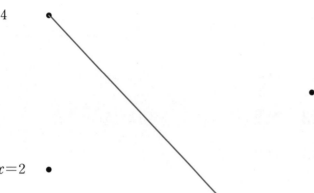

01      $x+1<4$ •

              • 있던 x가 사라지니까 방정식이 아니다.

02     $3x+2-3x=2$ •

              • 등식이 아니라서 방정식이 아니다.

03      $6x+1=5$ •

04      $\dfrac{7}{2}+\dfrac{9}{2}=8$ •

              • x가 없는 식이니까 방정식이 아니다.

05      $x+3-8$ •

              • 방정식이다.

06      $x=2$ •

▶ 개념 마무리 1

방정식에 x의 값을 각각 대입하여 등식이 참이 되는지 거짓이 되는지 쓰세요.

01

$$x+2=3$$

$[x=1]$ $1+2=3$ 참

$[x=2]$ $2+2=4\neq3$ 거짓

$[x=3]$ $3+2=5\neq3$ 거짓

02

$$x-5=0$$

$[x=3]$

$[x=5]$

03

$$12+2x=0$$

$[x=-6]$

$[x=-7]$

04

$$3x=24$$

$[x=7]$

$[x=8]$

05

$$7x-12=2$$

$[x=1]$

$[x=2]$

$[x=3]$

06

$$5x+15=40$$

$[x=5]$

$[x=6]$

$[x=7]$

▶ 개념 마무리 2

문장을 식으로 나타내고, 식이 방정식인지 아닌지 판단해 보세요.

01

어떤 수 x에 3을 더한 값은 / 11과 같다.

➡ $\boxed{x+3}$ =11

➡ 방정식이 (맞다 , 아니다).

02

한 변의 길이가 x cm인 정삼각형의 둘레의 길이는 / 12 cm이다.

➡ $\boxed{}$ =12

➡ 방정식이 (맞다 , 아니다).

03

13보다 4 큰 수는 / 18보다 작다.

➡ $\boxed{}$ <18

➡ 방정식이 (맞다 , 아니다).

04

비커 40개를 한 모둠에 x개씩 남김없이 나누어 주었더니 / 8모둠에 줄 수 있었다.

➡ $\boxed{}$ =8

➡ 방정식이 (맞다 , 아니다).

05

엄마의 나이는 14살인 예지보다 3배 많은 / 42살이다.

➡ $\boxed{}$ =42

➡ 방정식이 (맞다 , 아니다).

06

사다리꼴의 아랫변이 x cm이고 윗변과 높이는 각각 10 cm일 때, 넓이는 / 75 cm²이다.

➡ $\boxed{}$ =75

➡ 방정식이 (맞다 , 아니다).

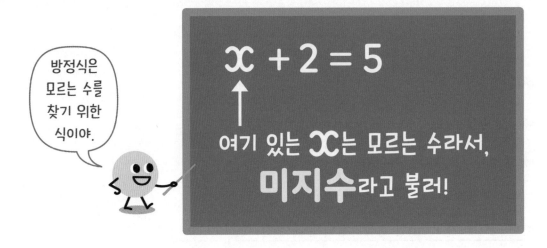

미지수는 x 말고 다른 문자도 사용할 수 있어!

$$a + 2 = 5$$
미지수

➡ a에 대한 방정식

$$n + 2 = 5$$
미지수

➡ n에 대한 방정식

▶ 개념 익히기 1

같은 방정식을 미지수만 다르게 하여 써 보세요.

01

| x에 대한 방정식 | ➡ | a에 대한 방정식 |

$9 - x = 1$ → $9 - a = 1$

02

| a에 대한 방정식 | ➡ | k에 대한 방정식 |

$5a + 5 = 11$

03

| y에 대한 방정식 | ➡ | b에 대한 방정식 |

$3y - 4 = -6$

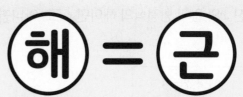

해(또는 근): 방정식이 참이 되게 하는 미지수의 값

미지수의 값을 찾으면
방정식이 해결되는 거니까,
그 값을 '해' 또는 '근'이라고 불러!

방정식의 해인지 아닌지 확인하는 방법?
대입해보기!

문제 $x=-1$이 $4-3x=7$의 해일까?

대입

대입할 때는
꼭 괄호하기!

$$\Rightarrow 4-3\times(-1)=7$$

$$4+3=7$$
등식이 성립!

답 해가 맞음

▶ 개념 익히기 2

x의 값을 대입하여 식의 값을 구하세요.

01

$x=-2$일 때,
x^2+2의 값은?

$(-2)^2+2$
$=4+2$
$=6$

답: 6

02

$x=-3$일 때,
$-4x-5$의 값은?

03

$x=5$일 때,
$31-6x$의 값은?

▶ 개념 다지기 1

주어진 x의 값이 방정식의 해이면 ○표, 아니면 ×표 하세요.

01

$$3x+x=8$$

$$\to 4x=8$$

- $x=1$ (✕)

- $x=2$ (○)

$x=1$ 대입	$x=2$ 대입
$\to 4\times(1)$	$\to 4\times(2)=8$
$=4\neq8$	$x=2$가 해
$x=1$은 해가 아님	

02

$$-2x+3=5$$

- $x=-1$ (   )

- $x=2$ (   )

03

$$7-x=8$$

- $x=2$ (   )

- $x=-1$ (   )

04

$$x^2=4$$

- $x=2$ (   )

- $x=-2$ (   )

05

$$11x=-132$$

- $x=-12$ (   )

- $x=13$ (   )

06

$$6x-x=35$$

- $x=-6$ (   )

- $x=7$ (   )

▶ 개념 다지기 2

물음에 알맞은 식을 보기에서 찾아 기호를 쓰세요.

◀ 보기 ▶

㉠ $7+x \leq 0$	㉡ $80+20=100$	㉢ $a+a=0$
㉣ $20a-40=20$	㉤ $x=3$	㉥ $3x=0$

01 ────────────────────

등식은?   ㉡,

02 ────────────────────

방정식은?

03 ────────────────────

x에 대한 방정식은?

04 ────────────────────

a에 대한 방정식은?

05 ────────────────────

해가 3인 방정식은?

06 ────────────────────

해가 0인 방정식은?

▶ 개념 마무리 1

문장을 방정식으로 나타내고, 근을 찾아 ○표 하세요.

01

어떤 수 x에서 5를 뺀 값은 / 3과 같다.

➡ $\boxed{x-5}=3$

➡ 근은 (7 , 8 , 9)이다.

02

한 변의 길이가 a cm인 정사각형의 둘레의 길이는 / 24 cm이다.

➡ $\boxed{}=24$

➡ 근은 (3 , 4 , 6)이다.

03

기름종이 y장을 5모둠에 똑같이 나누어 주었더니 / 한 모둠이 12장씩 받았다.

➡ $\boxed{}=12$

➡ 근은 (55 , 60 , 65)이다.

04

밑변의 길이가 10 cm, 높이가 b cm인 삼각형의 넓이는 / 75 cm²이다.

➡ $\boxed{}=75$

➡ 근은 (10 , 15 , 20)이다.

05

노트 1권의 가격이 1500원, 지우개 1개의 가격이 500원일 때,
노트 3권과 지우개 c개의 가격은 / 6500원이다.

➡ $\boxed{}=6500$

➡ 근은 (4 , 5 , 6)이다.

▶ 개념 마무리 2

다음 설명 중 옳은 것에 ○표, 틀린 것에 ✕표 하세요.

01

방정식이 참이 되게 하는 미지수의 값을 그 방정식의 근이라고 합니다. (◯)

02

방정식에서 모르는 수를 미지수라고 합니다. (　　)

03

방정식의 미지수는 항상 문자 x만 사용하여 나타냅니다. (　　)

04

방정식은 미지수의 값이 무엇이든지 항상 참이 되는 등식입니다. (　　)

05

$0 \times x = 0$은 x에 대한 방정식입니다. (　　)

06

-1은 방정식 $7 - 3x = 10$의 해입니다. (　　)

4 등식의 성질

방정식의 해는 어떻게 구할까?

등식의 성질을 이용하면 해를 구할 수 있어!

등식이란?

등호(=)가 있는 식으로 **등호 양쪽의 값이 같은 것**을 의미하지~

$$3x = x+4$$

등호의 왼편을
좌변

등호의 오른편을
우변

양쪽을 통틀어
양변

등식의 성질

❶ 등식의 양변에 같은 수를 **더해도** 등식은 성립한다.

❷ 등식의 양변에서 같은 수를 **빼도** 등식은 성립한다.

❸ 등식의 양변에 같은 수를 **곱해도** 등식은 성립한다.

❹ 등식의 양변을 **0이 아닌** 같은 수로 **나누어도** 등식은 성립한다.

▶ **개념 익히기 1**

물음에 답하세요.

01 ─────────────────────

$-2x+\frac{1}{8}=\frac{11}{8}$에서 좌변은? $-2x+\frac{1}{8}$

02 ─────────────────────

$13x+30=-20$에서 우변은?

03 ─────────────────────

$\frac{3}{2}x=\frac{1}{4}$에서 양변은?

▶ 정답 및 해설 8쪽

등식을 접시저울로 생각해 봐!

양쪽에
같은 무게를 더한다.

양쪽에서
같은 무게를 뺀다.

❶ $a=b$ 이면 $a+c=b+c$ 이다.

❷ $a=b$ 이면 $a-c=b-c$ 이다.

양쪽의 무게를
2배로 늘린다.

양쪽의 무게를
반으로 줄인다.

❸ $a=b$ 이면 $ac=bc$ 이다.

❹ $a=b$ 이고, $c \neq 0$이면 $\dfrac{a}{c}=\dfrac{b}{c}$ 이다.

▶ **개념 익히기 2**

빈칸을 알맞게 채우세요.

01

$a=b$이면 $a+c=b+\boxed{c}$이다.

02

$a=b$이면 $a\times\boxed{}=b\times c$이다.

03

$a=b$이면 $a-d=b-\boxed{}$이다.

▶ 개념 다지기 1

평형을 이루는 접시저울에 놓인 물건을 보고, ?에 놓일 물건의 그림을 찾아 선으로 이으세요.

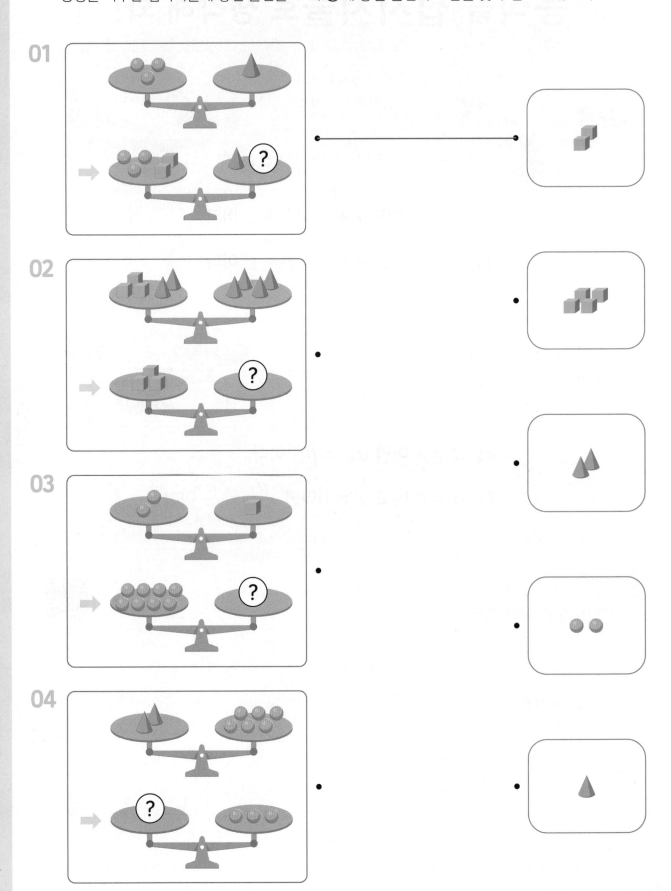

▶ 정답 및 해설 8쪽

▶ 개념 다지기 2

주어진 등식을 바꾸는 과정에서 이용한 등식의 성질에 V표 하세요.

01

$$\frac{a}{2}=\frac{b}{3} \text{일 때}$$

$$\frac{a}{2}\times 6=\frac{b}{3}\times 6$$

$$3a=2b\text{이다.}$$

• 등식의 양변을 0이 아닌 같은 수로
나누어도 등식은 성립한다. ☐

• 등식의 양변에 같은 수를 곱해도
등식은 성립한다. ☑

02

$$5a-2=3b-2 \text{일 때}$$

$$5a-2+2=3b-2+2$$

$$5a=3b\text{이다.}$$

• 등식의 양변에 같은 수를 더해도
등식은 성립한다. ☐

• 등식의 양변을 0이 아닌 같은 수로
나누어도 등식은 성립한다. ☐

03

$$-7a+1=2b+1 \text{일 때}$$

$$-7a+1-1=2b+1-1$$

$$-7a=2b\text{이다.}$$

• 등식의 양변에 같은 수를 곱해도
등식은 성립한다. ☐

• 등식의 양변에서 같은 수를 빼도
등식은 성립한다. ☐

04

$$52a=91b \text{일 때}$$

$$52a\div 13=91b\div 13$$

$$4a=7b\text{이다.}$$

• 등식의 양변에 같은 수를 더해도
등식은 성립한다. ☐

• 등식의 양변을 0이 아닌 같은 수로
나누어도 등식은 성립한다. ☐

▶ 개념 마무리 1

등식의 성질을 이용하여 식을 바꾸었습니다. 빈칸을 알맞게 채우세요.

01

$$3a-2=3b-2 \dashrightarrow 3a=3b$$

┌ 양변에 $\boxed{2}$ 를 더했습니다.

└ 양변에서 $\boxed{-2}$ 를 뺐습니다.

02

$$4a=4b \dashrightarrow a=b$$

┌ 양변을 $\boxed{}$ 로 나눴습니다.

└ 양변에 $\boxed{}$ 을 곱했습니다.

03

$$-a+9=-b+9 \dashrightarrow -a=-b$$

┌ 양변에서 $\boxed{}$ 를 뺐습니다.

└ 양변에 $\boxed{}$ 를 더했습니다.

04

$$\frac{3}{4}a=\frac{3}{4}b \dashrightarrow a=b$$

┌ 양변에 $\boxed{}$ 를 곱했습니다.

└ 양변을 $\boxed{}$ 으로 나눴습니다.

05

$$7a-1=7b-1 \dashrightarrow 7a=7b \dashrightarrow a=b$$

┌ 양변에 $\boxed{}$ 을 더했습니다.

└ 양변에서 $\boxed{}$ 을 뺐습니다.

┌ 양변을 $\boxed{}$ 로 나눴습니다.

└ 양변에 $\boxed{}$ 을 곱했습니다.

06

$$\frac{1}{2}a+4=\frac{1}{2}b+4 \dashrightarrow \frac{1}{2}a=\frac{1}{2}b \dashrightarrow a=b$$

┌ 양변에서 $\boxed{}$ 를 뺐습니다.

└ 양변에 $\boxed{}$ 를 더했습니다.

┌ 양변에 $\boxed{}$ 를 곱했습니다.

└ 양변을 $\boxed{}$ 로 나눴습니다.

▶ 개념 마무리 2

다음 중 옳은 것에 ○표, 틀린 것에 ×표 하세요.

01 $\dfrac{a}{7}=\dfrac{b}{7}$이면 $a=b$이다. (○)

02 $a-3=b+3$이면 $a=b$이다. (   )

03 $a=b$이면 $\dfrac{a}{c}=\dfrac{b}{c}$이다. (   )
(단, $c\neq0$)

04 $a=2b$이면 $\dfrac{a}{2}=b$이다. (   )

05 $a=b$이면 $a-4=4-b$이다. (   )

06 $ac=bc$이면 $a=b$이다. (   )
(단, $c\neq0$)

방정식을 풀기 : 방정식의 해를 찾는 것을 '방정식을 푼다' 라고 해~

방정식을 $4x = -20$

➡️ 우리가 찾는 건 x의 값이니까, x 앞에 곱해진 **4**를 없애자!

변형해서 $\dfrac{4x}{4} = \dfrac{-20}{4}$

> **등식의 성질 ④번 이용**
> 등식의 양변을 0이 아닌 같은 수로 나누어도 등식은 성립한다.

해를 찾기 $x = -5$

▶ 개념 익히기 1

등식의 성질을 이용하여 방정식의 해를 구하려고 합니다. 빈칸을 알맞게 채우세요.

01

$$3x = 6$$
➡️ $\dfrac{3x}{\boxed{3}} = \dfrac{6}{\boxed{3}}$
➡️ $x = \boxed{2}$

02

$$2x = -14$$
➡️ $\dfrac{2x}{\boxed{}} = \dfrac{-14}{\boxed{}}$
➡️ $x = \boxed{}$

03

$$-12x = 36$$
➡️ $\dfrac{-12x}{\boxed{}} = \dfrac{36}{\boxed{}}$
➡️ $x = \boxed{}$

문제 $\dfrac{1}{3}x = 5$ 의 해를 구하시오.

풀이

x 앞에 곱해진 $\dfrac{1}{3}$을 없애야겠다!

$$\dfrac{1}{3}x = 5$$

역수를 곱하면 1

두 수의 곱이 1이 될 때, 한 수를 다른 수의 역수라고 해~

예 $\dfrac{5}{2}$의 역수는? $\dfrac{2}{5}$

-4의 역수는? $-\dfrac{1}{4}$

등식의 성질 ❸번 이용

등식의 양변에 같은 수를 곱해도 등식은 성립한다.

$$3 \times \dfrac{1}{3}x = 5 \times 3$$

$$\overset{1}{3} \times \dfrac{1}{\underset{1}{3}}x = 15$$

$$x = 15$$

답 $x = 15$

▶ 개념 익히기 2

역수를 곱하여 방정식의 해를 구하려고 합니다. 빈칸을 알맞게 채우세요.

01

$$\dfrac{9}{5}x = 18$$

$$\Rightarrow \dfrac{\boxed{\overset{1}{5}}}{\boxed{\underset{1}{9}}} \times \dfrac{\overset{1}{9}}{\underset{1}{5}}x = \overset{2}{18} \times \dfrac{\boxed{5}}{\boxed{9}}$$

$$\Rightarrow \quad x = \boxed{10}$$

02

$$\dfrac{1}{4}x = 1$$

$$\Rightarrow \boxed{} \times \dfrac{1}{4}x = 1 \times \boxed{}$$

$$\Rightarrow \quad x = \boxed{}$$

03

$$\dfrac{4}{7}x = 8$$

$$\Rightarrow \dfrac{\boxed{}}{\boxed{}} \times \dfrac{4}{7}x = 8 \times \dfrac{\boxed{}}{\boxed{}}$$

$$\Rightarrow \quad x = \boxed{}$$

문제 $3x - 1 = 5$ 의 해는?

이 부분을 없애서
$3x = \triangle$
모양으로 만들기!

−1에 1을 더하면
0이 되겠지~

방정식을 푸는
아이디어

$\square x + \dfrac{}{} \heartsuit$

$\square x + \stackrel{}{\Diamond} = \heartsuit$

등식의 성질을
이용해서 변형!

$\square x = \triangle$

한 번 더 변형!

$x = ?$

풀이

$3x - 1 = 5$

등식의 양변에
같은 수를 더해도
등식은 성립

$3x - 1 + 1 = 5 + 1$

$3x = 6$

등식의 양변을
0이 아닌 같은 수로
나누어도
등식은 성립

$x = 2$

답 $x = 2$

▶ 개념 익히기 1

x에 대한 방정식의 해를 구할 때, 가장 먼저 없애야 할 부분에 ○표 하세요.

01

$\bigstar x \;\boxed{+\; \heartsuit} = \spadesuit$

02

$\triangle x - \bigcirc = \clubsuit$

03

$\bigcirc + \bigcirc x = \bigcirc$

문제 $-\dfrac{1}{2}x + 6 = 7$ 의 해는?

여기를 제일
먼저 없애기!

방정식을 푸는
아이디어

$-\dfrac{1}{2}x + 6 = 7$

등식의 성질을
이용해서 변형!

$-\dfrac{1}{2}x = \triangle$

한 번 더 변형!

$x = ?$

풀이

$$-\dfrac{1}{2}x + 6 = 7$$

등식의 양변에서
같은 수를 빼도
등식은 성립

$$-\dfrac{1}{2}x + 6 - 6 = 7 - 6$$

$$-\dfrac{1}{2}x = 1$$

등식의 양변에
같은 수를 곱해도
등식은 성립

$$x = -2$$

답 $x = -2$

▶ 개념 익히기 2

방정식의 해를 구할 때, 가장 먼저 없애야 할 부분에 ○표 하고, 빈칸을 알맞게 채우세요.

 1-24

01

$4x \boxed{+ 9} = -11$

$\downarrow$

$4x + 9 \bigominus \boxed{9} = -11 \bigominus \boxed{9}$

$\downarrow$

$4x = -20$

02

$-2x - 5 = 7$

$\downarrow$

$-2x - 5 \bigcirc \Box = 7 \bigcirc \Box$

$\downarrow$

$-2x = 12$

03

$11x + 3 = -8$

$\downarrow$

$11x + 3 \bigcirc \Box = -8 \bigcirc \Box$

$\downarrow$

$11x = -11$

개념 다지기 1

방정식의 해를 구하는 과정입니다. 빈칸에 알맞은 말을 쓰세요.

01
$9x - 12 = -3$

양변에 12를
[더하기]

$9x = 9$

양변을 9로
[나누기]

$x = 1$

02
$2x = -42$

양변을 2로
[ ]

$x = -21$

03
$\dfrac{1}{7}x = -3$

양변에 7을
[ ]

$x = -21$

04
$x + 6 = -30$

양변에서 6을
[ ]

$x = -36$

05
$-2x - 17 = 3$

양변에 17을
[ ]

$-2x = 20$

양변에 $-\dfrac{1}{2}$을
[ ]

$x = -10$

06
$\dfrac{8}{3}x - 5 = 3$

양변에 5를
[ ]

$\dfrac{8}{3}x = 8$

양변을 $\dfrac{8}{3}$로
[ ]

$x = 3$

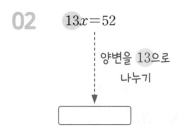

▶ 개념 다지기 2

등식의 성질을 이용하여 방정식의 해를 구하려고 합니다. 빈칸에 알맞은 식을 쓰세요.

01 $-10x+27=-13$

양변에 -27을
더하기

$\boxed{-10x=-40}$

양변을 -10으로
나누기

$\boxed{x=4}$

02 $13x=52$

양변을 13으로
나누기

$\boxed{}$

03 $x+8=11$

양변에서 8을
빼기

$\boxed{}$

04 $-6x-32=-2$

양변에 32를
더하기

$\boxed{}$

양변을 -6으로
나누기

$\boxed{}$

05 $-x+97=-3$

양변에 -97을
더하기

$\boxed{}$

양변에 -1을
곱하기

$\boxed{}$

06 $\dfrac{4}{9}x-5=3$

양변에 5를
더하기

$\boxed{}$

양변에 $\dfrac{9}{4}$를
곱하기

$\boxed{}$

▶ 개념 마무리 1

등식의 성질을 이용하여 방정식의 해를 구하는 과정입니다. 빈칸을 알맞게 채우세요.

01

$$3x+2=7$$

$$3x+2-\boxed{2}=7-\boxed{2}$$

$$3x=\boxed{5}$$

$$\frac{3x}{\boxed{3}}=\frac{\boxed{5}}{\boxed{3}}$$

$$x=\frac{\boxed{5}}{\boxed{3}}$$

02

$$13x=-39$$

$$\frac{13x}{\boxed{}}=\frac{-39}{\boxed{}}$$

$$x=\boxed{}$$

03

$$\frac{1}{5}x=4$$

$$\boxed{}\times\frac{1}{5}x=\boxed{}\times 4$$

$$x=\boxed{}$$

04

$$x-40=9$$

$$x-40+\boxed{}=9+\boxed{}$$

$$x=\boxed{}$$

05

$$8x-11=13$$

$$8x-11+\boxed{}=13+\boxed{}$$

$$8x=\boxed{}$$

$$\frac{8x}{\boxed{}}=\frac{\boxed{}}{\boxed{}}$$

$$x=\boxed{}$$

06

$$\frac{6}{5}x+10=-8$$

$$\frac{6}{5}x+10-\boxed{}=-8-\boxed{}$$

$$\frac{6}{5}x=\boxed{}$$

$$\frac{\boxed{}}{\boxed{}}\times\frac{6}{5}x=\frac{\boxed{}}{\boxed{}}\times\left(\boxed{}\right)$$

$$x=\boxed{}$$

▶ 개념 마무리 2

방정식을 푸세요.

01 $-\dfrac{1}{2}x+44=18$

$$-\dfrac{1}{2}x+44-44=18-44$$

$$-\dfrac{1}{2}x=-26$$

$$(-\overset{1}{2})\times\left(-\dfrac{1}{\underset{1}{2}}x\right)=(-2)\times(-26)$$

$$x=52$$

답: $x=52$

02 $\dfrac{1}{9}x=5$

03 $x-\dfrac{7}{6}=\dfrac{1}{2}$

04 $-7x+22=-6$

05 $\dfrac{2}{3}x+1=11$

06 $-8x+\dfrac{1}{3}=3$

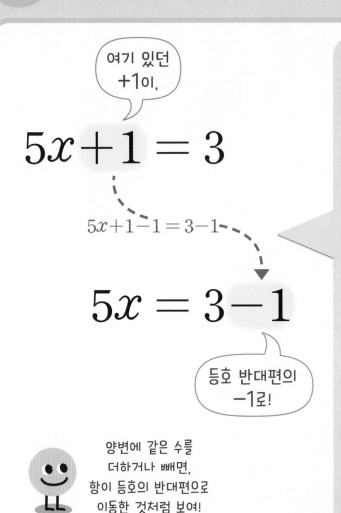

여기 있던 +1이,

$$5x + 1 = 3$$

$$5x + 1 - 1 = 3 - 1$$

$$5x = 3 - 1$$

등호 반대편의 -1로!

양변에 같은 수를 더하거나 빼면, 항이 등호의 반대편으로 이동한 것처럼 보여!

'항을 이동한다'는 뜻으로, 이것을

이항 이라고 해~

이항을 하는 이유?

이항을 해서 x는 좌변에 모으고, 상수항은 우변에 모으면 방정식의 해를 찾기 쉽거든~

* x를 우변에, 상수항을 좌변에 모으는 게 더 간단할 때도 있어~

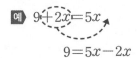

예 $9 + 2x = 5x$

$$9 = 5x - 2x$$

이항할 때 주의할 점!

항이 등호 반대편으로 이동할 때, 항의 부호가 반대로 바뀌어!

▶ 개념 익히기 1

표시된 항을 이항하여 빈 곳에 알맞게 쓰세요.

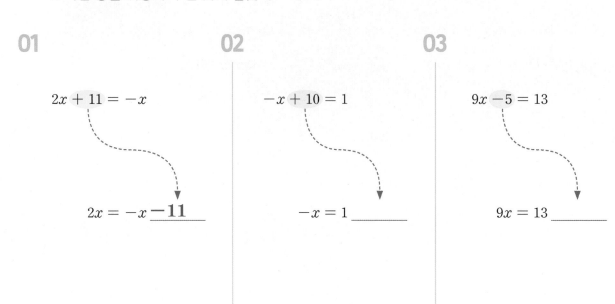

01

$$2x + 11 = -x$$

$$2x = -x \underline{\,-11\,}$$

02

$$-x + 10 = 1$$

$$-x = 1 \underline{\qquad}$$

03

$$9x - 5 = 13$$

$$9x = 13 \underline{\qquad}$$

문제 $4x + 7 = x + 1$ 의 해는?

방정식을 푸는 작전

x는 x끼리!
상수항은 상수항끼리!
끼리끼리 모으기~

풀이

$4x + 7 = x + 1$

x끼리 모으고,

등호를 넘어가면 부호 반대

$4x + 7 - x = +1$

상수항끼리 모아서,

등호를 넘어가면 부호 반대

$4x - x = +1 - 7$

계산 하기!

$3x = -6$

$x = -2$

답 $x = -2$

▶ 개념 익히기 2

표시된 항을 이항하였습니다. 빈칸을 알맞게 채우세요.

01

$23x = -x + 18$

$23x \boxplus \boxed{x} = \boxplus \boxed{18}$

02

$16x = -15 + 25x$

$16x \bigcirc \boxed{} = \bigcirc \boxed{}$

03

$7x - 4 = 8x$

$\bigcirc \boxed{} = 8x \bigcirc \boxed{}$

▶ 정답 및 해설 13쪽

▶ 개념 다지기 1

일차방정식을 보고 어떤 항을 이항했는지 찾아 ○표 하고 선으로 표시해 보세요.

01

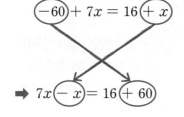

$\Rightarrow 7x \boxed{- x} = 16 \boxed{+ 60}$

02 $3x + 13 = -5x$

$\Rightarrow 13 = -5x - 3x$

03 $9x - 2 = 14x + 7$

$\Rightarrow 9x - 14x = 7 + 2$

04 $112 - 11x = -12x$

$\Rightarrow 12x - 11x = -112$

05 $-64x - 31 = 16x + 49$

$\Rightarrow -31 - 49 = 16x + 64x$

06 $53 + 3x = -5x + 35$

$\Rightarrow 3x + 5x = 35 - 53$

▶정답 및 해설 13쪽

▶ 개념 다지기 2

방정식에서 밑줄 친 항을 이항하여 쓰세요.

01 $61x \underline{+\ 39} = 33 \underline{+\ 60x}$

$$61x - 60x = 33 - 39$$

02 $27x = \underline{7x} - 100$

03 $\underline{5} = 98 \underline{-\ 31x}$

04 $\underline{40} - \dfrac{7}{8}x = \underline{\dfrac{1}{8}x} + 33$

05 $14x \underline{+\ 20} = \underline{-16x}$

06 $\dfrac{1}{2} \underline{-\ \dfrac{1}{2}x} = 2x \underline{-\ 2}$

▶ 개념 마무리 1

주어진 방정식에서 **하나의 항만 이항하여** 방정식을 풀려고 합니다. 이항하는 항에 ○표 하고, 방정식을 푸세요.

01 $1 \boxed{+ 20x} = 18x$

$$1 = 18x - 20x$$
$$1 = -2x$$
$$-\frac{1}{2} = x$$

답: $x = -\frac{1}{2}$

02 $58 - 20x = -22$

03 $-3x = 27x + 90$

04 $-202 = -182 - 4x$

05 $7x - 3x = 24 - 2x$

06 $-25 + 5x = 21 + 4$

▶ 개념 마무리 2

방정식을 푸세요.

01　$8x-16=21x+10$

$$-16-10=21x-8x$$
$$-26=13x$$
$$x=-2$$

답: $x=-2$

02　$-x+7=4-2x$

03　$x-11=\dfrac{3}{2}x+3$

04　$5x+34=16-x$

05　$4x-20-18x=-6$

06　$12x-1=8x+2$

단원 마무리

01 다음 중에서 등식인 것은?

① $x+5<1$　　② $14-x$

③ $4+4=8$　　④ $2+2x\geq10$

⑤ 2023

02 등식 $6a+1=-3$에 대한 설명으로 옳은 것을 모두 찾아 기호를 쓰시오.

> ㉠ 좌변은 $6a+1$입니다.
> ㉡ 우변은 -3입니다.
> ㉢ x에 대한 방정식입니다.

03 방정식 $-7x=98$을 푸시오.

04 다음 중 방정식을 모두 찾아 기호를 쓰시오.

> ㉠ $x+5x-24$　　㉡ $3+x-x=2$
> ㉢ $x=3x+5$　　㉣ $4x-7=1$

05 등식의 성질을 이용하여 식을 바꾸었습니다. ㉠, ㉡에 알맞은 수를 구하시오.

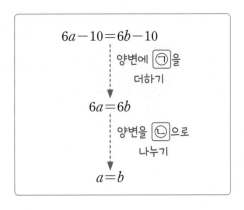

$6a-10=6b-10$

양변에 ㉠을 더하기

$6a=6b$

양변을 ㉡으로 나누기

$a=b$

㉠: ＿＿＿＿＿　　㉡: ＿＿＿＿＿

06 다음 문장을 식으로 나타내시오.

> 어떤 수 x에 4를 곱하고 3을 더한 값은 19와 같습니다.

07 0이 아닌 a, b에 대하여 $a=b$일 때, 등식이 성립하지 <u>않는</u> 것은?

① $a-2=b-2$
② $a+5=b+5$
③ $3a=3b$
④ $4-a=4+b$
⑤ $\dfrac{a}{6}=\dfrac{b}{6}$

08 다음 설명 중에서 옳은 것은?

① $4x=2x-9$에서 좌변은 $2x-9$이다.
② $2x=-1$은 방정식이다.
③ $3x^2=12$의 해는 $x=4$이다.
④ 방정식의 미지수는 항상 x만 써야 한다.
⑤ 방정식에서 '해'는 x의 값이고, '근'은 y의 값을 뜻한다.

09 다음 중 밑줄 친 항을 <u>잘못</u> 이항한 것은?

① $4x\underline{+1}=6 \rightarrow 4x=6-1$
② $13\underline{-x}=2x \rightarrow 13=2x+x$
③ $15x=1\underline{+5x} \rightarrow 15x-5x=1$
④ $9\underline{+2x}=\underline{-6}-7x \rightarrow 9+6=2x-7x$
⑤ $\underline{25}=49\underline{-8x} \rightarrow 8x=49-25$

10 다음 방정식 중 해가 $x=-1$인 것은?

① $2x-x=0$ ② $x-1=2$
③ $2-2x=0$ ④ $3x+3=1$
⑤ $-4-3x=-1$

11 다음은 등식의 성질을 이용하여 방정식의 해를 구하는 과정입니다. 빈칸을 알맞게 채우시오.

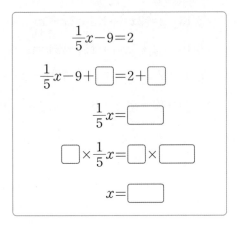

$$\frac{1}{5}x-9=2$$

$$\frac{1}{5}x-9+\boxed{}=2+\boxed{}$$

$$\frac{1}{5}x=\boxed{}$$

$$\boxed{}\times\frac{1}{5}x=\boxed{}\times\boxed{}$$

$$x=\boxed{}$$

12 다음 설명 중 옳지 <u>않은</u> 것은?

① 등호가 있는 식은 모두 방정식이다.
② 방정식이 참이 되게 하는 미지수의 값을 방정식의 근이라고 한다.
③ x에 대한 방정식에서 x를 미지수라고 한다.
④ 등식의 양변을 0이 아닌 같은 수로 나누어도 등식이 성립한다.
⑤ 등식의 한 변에 있는 항을 부호를 바꾸어 다른 변으로 옮기는 것을 이항이라고 한다.

13 방정식의 해를 구하는 과정입니다. a, b의 값을 각각 구하시오. (단, $a>0$)

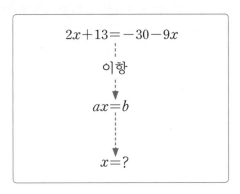

$$2x+13=-30-9x$$

이항

$$ax=b$$

$$x=?$$

14 방정식 $-9+7x=-2x+27$을 푸시오.

15 다음 그림과 같이 접시저울이 평형을 이루고 있습니다. 분홍색 구슬과 노란색 구슬 중 1개의 무게가 더 무거운 것은 어느 색인지 쓰시오.

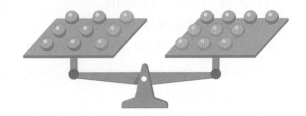

16 다음은 $x=2$일 때, $-5x+7$의 값을 등식의 성질을 이용하여 구하는 과정입니다. 빈칸을 알맞게 채우시오.

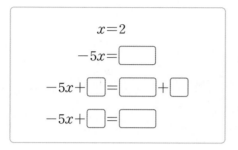

$$x=2$$
$$-5x=\boxed{}$$
$$-5x+\boxed{}=\boxed{}+\boxed{}$$
$$-5x+\boxed{}=\boxed{}$$

17 등식의 성질을 이용하여 방정식의 해를 구하는 과정에 대해 나눈 대화입니다. 바르게 말한 사람은 누구인지 모두 쓰시오.

$$8x+11=-5$$
$$8x=-16 \quad \text{㉠}$$
$$x=-2 \quad \text{㉡}$$

지효: ㉠은 양변에서 같은 수를 **빼면** 돼.
소민: ㉠은 양변에 같은 수를 더하는 것도 가능해.
도윤: ㉡은 양변에 같은 수를 곱한 거야.
우진: ㉡은 양변을 같은 수로 나누는 방법 밖에 없어.

18 다음 방정식 중에서 해가 나머지 넷과 다른 하나는?

① $10x+20=-10$

② $x+7=4$

③ $-2x+5=11$

④ $4x-6=-4x-30$

⑤ $\dfrac{2}{3}x-2=0$

19 다음 중 옳지 <u>않은</u> 것은?

① $3a=3b$이면 $a-1=b-1$이다.

② $\dfrac{a}{2}=\dfrac{b}{2}$이면 $a=b$이다.

③ $5a=4b$이면 $\dfrac{a}{5}=\dfrac{b}{4}$이다.

④ $2a+2=2b+2$이면 $a=b$이다.

⑤ $1-a=1-b$이면 $a+1=b+1$이다.

20 다음은 등식의 성질에 따라 방정식의 해를 구하는 과정입니다. 처음 방정식을 구하시오.

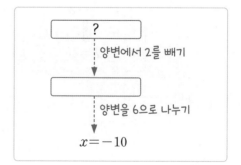

| ? |
양변에서 2를 빼기
양변을 6으로 나누기
$$x=-10$$

서술형 문제

21 다음과 같이 구슬과 추를 접시저울에 올려 놓았더니 평형을 이루었습니다. 구슬의 무게가 모두 같을 때, 구슬 하나의 무게는 몇 g인지 등식의 성질을 이용하여 구하시오.

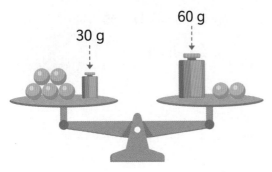

┌─ 풀이 ─────────────────────┐
│   │
│   │
│   │
│   │
│   │
│   │
└────────────────────────────┘

서술형 문제

22 등식의 성질을 이용하여 주어진 식이 변형되는 과정을 설명하시오.

$$\frac{a}{4}+1=\frac{b}{3}+1$$
$$\Downarrow$$
$$3a=4b$$

┌─ 풀이 ─────────────────────┐
│   │
│   │
│   │
│   │
│   │
└────────────────────────────┘

서술형 문제

23 x에 대한 방정식 $ax+1=5$의 해가 자연수일 때, 자연수 a의 값을 모두 구하시오.

┌─ 풀이 ─────────────────────┐
│   │
│   │
│   │
│   │
│   │
│   │
│   │
└────────────────────────────┘

미지수를 x로 쓰게 된 이유?

▶ 정답은 70쪽

미지수를 문자 x로 표시하기 시작한 사람은 프랑스의 철학자이자 수학자인 데카르트(1596~1650)예요. 당시 활자 인쇄술이 발달하여 수학도 책으로 출판하기 시작하였는데, 프랑스어에서는 x가 들어가는 단어가 많지 않아서 인쇄소에 x 활자가 많이 남아 있었거든요. 그래서 미지수를 문자 x로 표시하게 되었다고 합니다.

* 다른 부분 7군데를 찾아 보세요.

▶ 정답은 70쪽

2 일차방정식

이번 단원에서 배울 내용

① 일차방정식

② 항등식

③ 일차방정식의 풀이

④ 계수가 소수인 일차방정식 (1)

⑤ 계수가 소수인 일차방정식 (2)

⑥ 계수가 분수인 일차방정식 (1)

⑦ 계수가 분수인 일차방정식 (2)

⑧ 일차방정식의 응용

방정식이 무엇인지 알았으니까

이제는 본격적으로 방정식을 해결하는 방법을 배울 거야!

여러 가지 방정식이 있지만

그중에서 가장 간단한 일차방정식을 푸는 방법을 알려줄 건데~

그럼, 우선 일차방정식이 어떤 방정식인지부터 알아보자!

일차 방정식

: 차수가 1인 방정식

차수 문자가 곱해진 횟수

예 x^3의 차수: 3

x^2의 차수: 2

x의 차수: 1

식의 차수 식에서 가장 높은 항의 차수

예 $2x^3 - 5x + 4$의 차수: 3

3차 **1차** **0차**

일차식 식의 차수가 1인 식

예 $3x + 1$

방정식 미지수의 값에 따라 참이 되기도 하고 거짓이 되기도 하는 등식

예 $x^2 = 25$

➡ 차수가 2인 방정식

$x - 1 = 7$

➡ 차수가 1인 방정식

▶ 개념 익히기 1

옳은 설명에 ○표, 틀린 설명에 ×표 하세요.

01 ————————————————————

$2x - 3$의 차수는 2입니다. (✕)

02 ————————————————————

$2x - 3$은 일차식입니다. (   )

03 ————————————————————

$2x - 3 = 0$은 차수가 1인 방정식입니다. (   )

일차방정식

우변의 모든 항을 좌변으로 이항하여 정리한 식이

(일차식) = 0 의 꼴인 방정식

예 $3x + 1 = 0, \qquad -\dfrac{5}{7}a = 0$

★ 주의해야 하는 식의 모양!

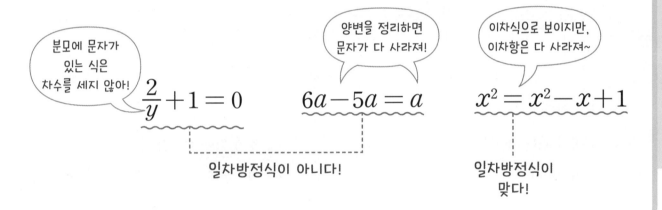

분모에 문자가 있는 식은 차수를 세지 않아!

$\dfrac{2}{y} + 1 = 0$

양변을 정리하면 문자가 다 사라져!

$6a - 5a = a$

일차방정식이 아니다!

이차식으로 보이지만, 이차항은 다 사라져~

$x^2 = x^2 - x + 1$

일차방정식이 맞다!

▶ 개념 익히기 2

우변의 모든 항을 좌변으로 이항하여 (**일차식**)=**0**의 꼴로 정리하세요.

01

$8x + 4 = 2x$

$6x + 4 = 0$

02

$5x + 5x = 7$

03

$x + 12 = -6$

▶ 개념 다지기 1

주어진 식을 바르게 설명한 것에 V표 하고, 일차방정식인지 아닌지 ○표 하세요.

01
$$2x^2 - 5x + 7 = 0$$

- 등식이다. ☑
- 문자가 있는 식이다. ☑
- 일차식이다. ☐

➡ 일차방정식이 (맞다 , (아니다)).

02
$$6x - 9 = 0$$

- 등식이다. ☐
- 문자가 있는 식이다. ☐
- 일차식이다. ☐

➡ 일차방정식이 (맞다 , 아니다).

03
$$10a - 20$$

- 등식이다. ☐
- 문자가 있는 식이다. ☐
- 일차식이다. ☐

➡ 일차방정식이 (맞다 , 아니다).

04
$$x^3 + x^2 + 1 = 0$$

- 등식이다. ☐
- 문자가 있는 식이다. ☐
- 일차식이다. ☐

➡ 일차방정식이 (맞다 , 아니다).

05
$$8x = 0$$

- 등식이다. ☐
- 문자가 있는 식이다. ☐
- 일차식이다. ☐

➡ 일차방정식이 (맞다 , 아니다).

06
$$\frac{1}{3}x + 7 = 0$$

- 등식이다. ☐
- 문자가 있는 식이다. ☐
- 일차식이다. ☐

➡ 일차방정식이 (맞다 , 아니다).

▶ 개념 다지기 2

등식의 모든 항을 좌변으로 이항하여 간단히 쓰고, 식의 차수를 구하세요.

01 $3x - 4 = -2x^2$

➡ $2x^2 + 3x - 4 = 0$

식의 차수: 2

02 $2x + 5x^2 - 10 = 5x^2$

➡

식의 차수:

03 $6x - 9 = x^2 + 1$

➡

식의 차수:

04 $7x - 9x^3 = 8 + 7x$

➡

식의 차수:

05 $4x^2 - 13x = 11 + 4x^2$

➡

식의 차수:

06 $15 - x^2 = x^2 + 10x$

➡

식의 차수:

▶ 개념 마무리 1

일차방정식을 모두 찾아 ○표 하세요.

01

$2x^2+3=0$

$\boxed{2x+3=0}$

$\boxed{2x+3x^2=3x^2}$

02

$x-4=1$

$4x+1=1$

$x+3x=4x$

03

$6+8x$

$-2x=6$

$9x-8=6x$

04

$5x+7x^2=7x^2+9$

$7-9x=9x-5x^2$

$7x+9=9x+7$

05

$x^2=-x^2-10x+1$

$1+10x=10x+x^2$

$x^2+10=-10x+x^2$

06

$2x=12+12x$

$11+11x$

$5x-5=5+5x^2$

▶ 개념 마무리 2

주어진 방정식이 **x에 대한 일차방정식**이 되도록 할 때, 꼭 있어야 하는 항에 ○표,
없어져야 하는 항에 ×표, 나머지 항에는 △표를 하세요.

01 $ax^2 + bx + c = 0 \ (a, b, c \neq 0)$

$\boxed{\times} \quad \boxed{\bigcirc} \quad \boxed{\triangle}$

02 $1 + 2x + 3x^2 = 0$

$\boxed{} \quad \boxed{} \quad \boxed{}$

03 $\heartsuit x = \spadesuit x^2 - 7x^3 \ (\heartsuit, \spadesuit \neq 0)$

$\boxed{} \quad \boxed{} \quad \boxed{}$

04 $5x^3 - \dfrac{1}{8}x - 15 = 0$

$\boxed{} \quad \boxed{} \quad \boxed{}$

05 $4x^2 - 3x + 5 - 2x^3 = 0$

$\boxed{} \quad \boxed{} \quad \boxed{} \quad \boxed{}$

06 $1.2 - \dfrac{2}{9}x - 6x^2 = 0$

$\boxed{} \quad \boxed{} \quad \boxed{}$

2 항등식

등식
등호를 사용한 식

예 $2+3=5$, $6x-7=9$

미지수의 값이 무엇이든지, **항상 참이 되는** 등식이 있지~	미지수의 값이 무엇이든지, 항상 거짓이 되는 등식도 있어~	어떤 값에 대해서는 참! 다른 값에 대해서는 거짓!
예 $x+1=1+x$	예 $x-x=4$ (×)	예 $x+1=5$

이런 등식을 **항등식** 이라고 해~

이런 등식을 **방정식** 이라고 해~

▶ 개념 익히기 1

주어진 등식에 x의 값을 대입하여 등식이 성립하면 '참', 성립하지 않으면 '거짓'을 써서 표를 완성하세요.

		$x=1$	$x=2$	$x=3$	$x=4$
01	$2x+1=1+2x$	참	참		
02	$0 \times x=7$				
03	$3x=6$				

항등식

: 미지수에 어떤 값을 대입해도 항상 참이 되는 등식

항<u>상</u> <u>등</u>식이 <u>식</u>
성립하는

항등식의 모양 ❶ ▶ 좌변과 우변이 정확히 같다.

예 $x + 2x = 3x$

항등식의 모양 ❷ ▶ 식의 양변이 0이다. (0=0)

예 $0x = 0$

▶ **개념 익히기 2**

항등식을 찾아 V표 하세요.

01

$2x + 4x = 6x$ ☑

$5 + 1 = 4$ ☐

$3x - 2x = 1$ ☐

02

$x + 11 = 11 - x$ ☐

$x + 7 = 7x + 1$ ☐

$8 - 10x = -10x + 8$ ☐

03

$6x - 1 = 6x$ ☐

$7x - 10x = -3x$ ☐

$5 - 9x = -4x$ ☐

3 일차방정식의 풀이

⭐ 일차방정식을 푸는 방법

$$3(x+1)=x+4$$

$$3x+3=x+4$$

$$3x-x=4-3$$

$$2x=1$$

$$x=\frac{1}{2}$$

❶ (괄호)가 있으면,
(괄호)를 먼저 풀기

❷ x는 x끼리,
상수항은 상수항끼리
모이게 이항하기

❸ $ax=b$ $(a\neq0)$
의 꼴로 정리

❹ 양변을 x의 계수로 나누어
해 $x=\dfrac{b}{a}$를 구하기

▶ 개념 익히기 1

주어진 방정식의 괄호를 푸세요.

01

$3(x-1)+2x=8$

➡ $3x-3+2x=8$

02

$5(2x+9)=4x$

➡

03

$24+10(3x-5)=0$

➡

60 일차방정식 1

괄호를 풀 때는 **부호를 조심** 해야 해~

$$7x - 4(x - 2) = -1$$

$$7x - 4x + 8 = -1$$

$$3x = -1 - 8$$

$$3x = -9$$

$$x = -3$$

분배법칙

$$a(b+c) = ab + ac$$

$$a(b-c) = ab - ac$$

$$-a(b+c) = -ab - ac$$

$$-a(b-c) = -ab + ac$$

▶ **개념 익히기 2**

○ 안에 부호를 알맞게 쓰세요.

01

$$8x - 4(x+7) = 23 \ \Rightarrow \ 8x \bigcirc 4x \bigcirc 28 = 23$$

02

$$34 - 2(5x-1) = x - 11 \ \Rightarrow \ 34 \bigcirc 10x \bigcirc 2 = x - 11$$

03

$$-6(1+9x) + 20 = 0 \ \Rightarrow \ \bigcirc 6 \bigcirc 54x + 20 = 0$$

▶ 개념 다지기 1

일차방정식을 푸세요.

01 $5(x-3)=4x$

$5x-15=4x$

$x=15$

답: $x=15$

02 $13=2(-x+9)$

03 $3(3x-2)=7x$

04 $8(-2x-1)=37-x$

05 $-10x+4(x+6)=12$

06 $-14-3(-2x+2)=x$

▶ 개념 다지기 2

일차방정식의 해를 구하여 알맞은 곳에 글자를 쓰세요.

은 $6x=18-12(2x-1)$

$$6x = 18-24x+12$$
$$6x = 30-24x$$
$$30x = 30$$
$$x = 1$$

노 $5(x+1)=3(7x-9)$

날 $30+20x=-11(2-3x)$

내 $12x+8-5(x-4)=0$

는 $-2(x+4)+9(9-x)=40$

일 $x-5=2(3x+5)$

-4	-3	1	2	3	4
		은			

▶ 개념 마무리 1

괄호 안을 먼저 계산하여 간단히 한 후, 일차방정식을 푸세요.

01 $4x+2(5-18x+20x)=12$

$$4x+2(5+2x)=12$$
$$4x+10+4x=12$$
$$8x=2$$
$$x=\frac{1}{4}$$

답: $x=\dfrac{1}{4}$

02 $-6(12x+2-9x)+10x=28$

03 $2-40x=14(9-3x-8)$

04 $22=7x-5(11x+17-13x-18)$

▶ 정답 및 해설 29쪽

▶ 개념 마무리 2

방정식의 해가 큰 순서대로 이름을 쓰세요.

서린

$$3(2x-1)+5x=6x+2$$

$$6x-3+5x=6x+2$$
$$11x-3=6x+2$$
$$5x=5$$
$$x=1$$

$$2(x-1)-3(8x-5)=2$$

민채

동욱

$$5(x-3)+2(x-4)=6(2x-3)$$

$$x-2(19x-12+17-16x)=5$$

종호

원영

$$3(3x-4)-7(x-2)=2(5x-7)$$

_____

⭐ 계수가 소수이면?

$$0.5x - 0.4 = 0.3x$$

➡️ 계수를 **정수**로 고쳐서 풀기

> 양변에 10, 100, 1000, …을
> 적당히 곱하면 돼~

$$10 \times (0.5x - 0.4) = (0.3x) \times 10$$

$$5x - 4 = 3x$$

$$2x = 4$$

$$x = 2$$

▶ 개념 익히기 1

계수와 상수항을 정수로 고치기 위해서 양변에 곱해야 하는 수에 ○표 하세요.

01

$0.03x + 3 = 3x$

| 2 | 10 | (100) |

02

$12 + 0.7x = 7$

| 3 | 5 | 10 |

03

$0.01 - 0.05x = 15$

| 5 | 10 | 100 |

소수 계수를 정수 계수로 바꿀 때 주의할 점

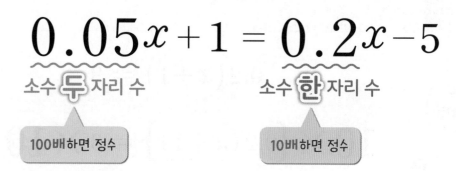

$$0.05x + 1 = 0.2x - 5$$

소수 **두** 자리 수   소수 **한** 자리 수

100배하면 정수   10배하면 정수

➡ 둘 다 정수가 되려면 100 곱하기

$$100 \times (0.05x + 1) = (0.2x - 5) \times 100$$

$$5x + 100 = 20x - 500$$

$$-15x = -600$$

$$x = 40$$

▶ 개념 익히기 2

두 소수에 곱해서 둘 다 정수가 되게 하는 수 중 가장 작은 수를 찾아 선으로 이으세요.

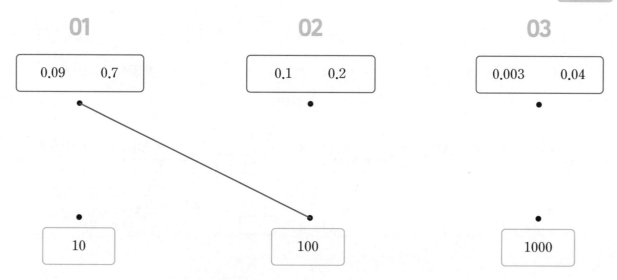

01	02	03
0.09 0.7	0.1 0.2	0.003 0.04

10	100	1000

계수가 소수인 일차방정식 (2)

계산에 주의해야 하는 일차방정식 ①

(식)에 소수가 곱해졌을 때

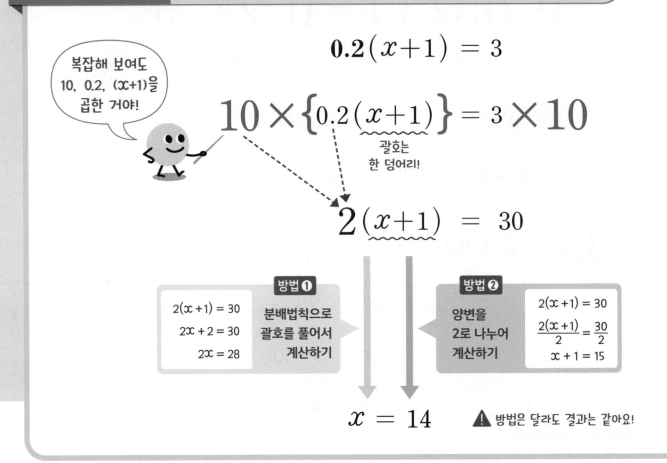

복잡해 보여도 10, 0.2, (x+1)을 곱한 거야!

$$0.2(x+1) = 3$$

$$10 \times \{0.2(x+1)\} = 3 \times 10$$

괄호는 한 덩어리!

$$2(x+1) = 30$$

방법 ❶

분배법칙으로 괄호를 풀어서 계산하기

$2(x+1) = 30$
$2x + 2 = 30$
$2x = 28$

방법 ❷

양변을 2로 나누어 계산하기

$2(x+1) = 30$
$\dfrac{2(x+1)}{2} = \dfrac{30}{2}$
$x + 1 = 15$

$$x = 14$$

⚠️ 방법은 달라도 결과는 같아요!

▶ **개념 익히기 1**

등식의 성질을 이용하여 방정식의 해를 구하려고 합니다. 빈칸을 알맞게 채우세요.

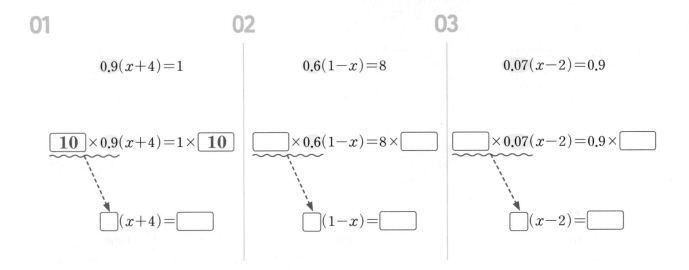

01

$$0.9(x+4) = 1$$

$$\boxed{10} \times 0.9(x+4) = 1 \times \boxed{10}$$

$$\boxed{}(x+4) = \boxed{}$$

02

$$0.6(1-x) = 8$$

$$\boxed{} \times 0.6(1-x) = 8 \times \boxed{}$$

$$\boxed{}(1-x) = \boxed{}$$

03

$$0.07(x-2) = 0.9$$

$$\boxed{} \times 0.07(x-2) = 0.9 \times \boxed{}$$

$$\boxed{}(x-2) = \boxed{}$$

계산에 주의해야 하는 일차방정식 ②
(괄호) 안에 소수가 있을 때

$$-8 = 4(x + \underset{\sim}{0.6})$$

소수 **한** 자리 수 ----▶ 양변에 **10**을 곱하기

방법 ❶ 양변에 10을 바로 곱하기	**방법 ❷** 괄호를 먼저 풀고, 10을 곱하기
$10 \times (-8) = \{4(x+0.6)\} \times 10$ $-80 = 40(x+0.6)$	$-8 = 4x + 2.4$ $10 \times (-8) = (4x+2.4) \times 10$

$$-80 = 40x + 24$$
$$-104 = 40x$$
$$x = -\frac{13}{5}$$

▶ 개념 익히기 2

일차방정식에서 소수에 모두 ○표 하고, 소수를 정수로 만들기 위해 양변에 곱해야 할 수를 찾아 ○표 하세요.

 2-18

01

$0.01\,x = 2(x + 0.2)$

10	100

02

$0.3x = 3(x + 1.2)$

10	25

03

$32 = 5(0.01x + 0.7)$

10	100

▶ 개념 다지기 1

빈칸에 알맞은 수를 써서 일차방정식을 푸세요.

01

$$0.02x + 0.3 = 0.06$$

$$\boxed{100} \times \left(0.02x + 0.3\right) = 0.06 \times \boxed{100}$$

$$2x + \boxed{30} = \boxed{6}$$

$$\boxed{}x = \boxed{}$$

$$x = \boxed{}$$

02

$$0.5x + 0.2 = 1.2$$

$$\boxed{} \times \left(0.5x + 0.2\right) = 1.2 \times \boxed{}$$

$$5x + \boxed{} = \boxed{}$$

$$\boxed{}x = \boxed{}$$

$$x = \boxed{}$$

03

$$0.1x - 0.9 = 7$$

$$\boxed{} \times \left(0.1x - 0.9\right) = 7 \times \boxed{}$$

$$x - \boxed{} = 70$$

$$x = \boxed{}$$

04

$$0.2x - 4 = 0.5x + 2$$

$$\boxed{} \times \left(0.2x - 4\right) = \left(0.5x + 2\right) \times \boxed{}$$

$$\boxed{}x - 40 = \boxed{}x + \boxed{}$$

$$\boxed{}x = \boxed{}$$

$$x = \boxed{}$$

05

$$5 + 0.04x = 3.4$$

$$\boxed{} \times \left(5 + 0.04x\right) = 3.4 \times \boxed{}$$

$$\boxed{} + 4x = \boxed{}$$

$$\boxed{}x = \boxed{}$$

$$x = \boxed{}$$

06

$$0.12x - 0.1 = 0.2x + 0.06$$

$$\boxed{} \times \left(0.12x - 0.1\right) = \left(0.2x + 0.06\right) \times \boxed{}$$

$$\boxed{}x - \boxed{} = \boxed{}x + \boxed{}$$

$$\boxed{}x = \boxed{}$$

$$x = \boxed{}$$

▶ 개념 다지기 2

일차방정식에서 계수와 상수항을 정수로 바꾸는 **과정**입니다. 빈칸을 알맞게 채우세요. (해를 구하지 않아도 됩니다.)

01
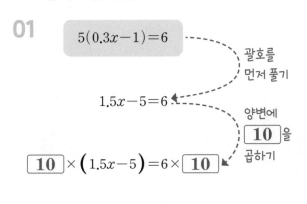

$5(0.3x-1)=6$

괄호를 먼저 풀기

$1.5x-5=6$

양변에 **10** 을 곱하기

$\boxed{10} \times (1.5x-5)=6 \times \boxed{10}$

$\boxed{}x-\boxed{}=\boxed{}$

02
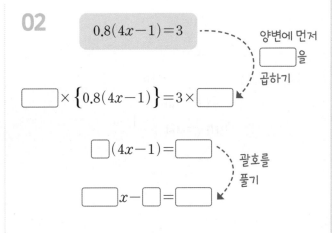

$0.8(4x-1)=3$

양변에 먼저 $\boxed{}$ 을 곱하기

$\boxed{} \times \{0.8(4x-1)\}=3 \times \boxed{}$

$\boxed{}(4x-1)=\boxed{}$

괄호를 풀기

$\boxed{}x-\boxed{}=\boxed{}$

03
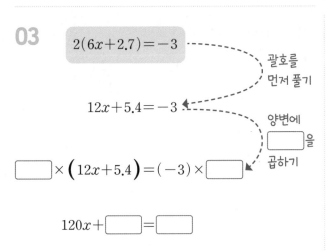

$2(6x+2.7)=-3$

괄호를 먼저 풀기

$12x+5.4=-3$

양변에 $\boxed{}$ 을 곱하기

$\boxed{} \times (12x+5.4)=(-3) \times \boxed{}$

$120x+\boxed{}=\boxed{}$

04
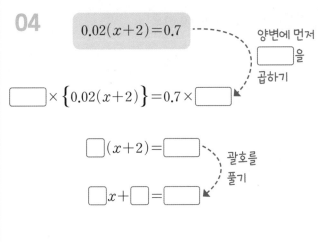

$0.02(x+2)=0.7$

양변에 먼저 $\boxed{}$ 을 곱하기

$\boxed{} \times \{0.02(x+2)\}=0.7 \times \boxed{}$

$\boxed{}(x+2)=\boxed{}$

괄호를 풀기

$\boxed{}x+\boxed{}=\boxed{}$

05
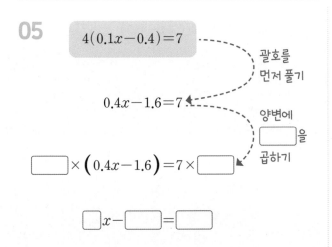

$4(0.1x-0.4)=7$

괄호를 먼저 풀기

$0.4x-1.6=7$

양변에 $\boxed{}$ 을 곱하기

$\boxed{} \times (0.4x-1.6)=7 \times \boxed{}$

$\boxed{}x-\boxed{}=\boxed{}$

06
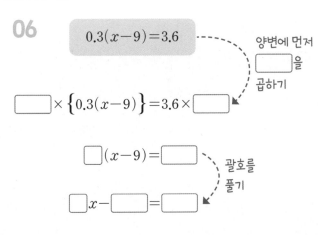

$0.3(x-9)=3.6$

양변에 먼저 $\boxed{}$ 을 곱하기

$\boxed{} \times \{0.3(x-9)\}=3.6 \times \boxed{}$

$\boxed{}(x-9)=\boxed{}$

괄호를 풀기

$\boxed{}x-\boxed{}=\boxed{}$

▶ 정답 및 해설 32쪽

▶ 개념 마무리 1

일차방정식을 푸세요.

01 $2(0.8x-0.7)=5$

$$1.6x-1.4=5$$
$$10\times(1.6x-1.4)=5\times10$$
$$16x-14=50$$
$$16x=64$$
$$x=4$$

답: $x=4$

02 $3x+0.9=2.1x-4.5$

03 $0.13x-0.6=0.01x$

04 $0.2(21x-4)=1$

05 $9(0.8x-1)=1.2x$

06 $0.5x+0.9=3(0.3x-0.5)$

▶ 정답 및 해설 33쪽

▶ 개념 마무리 2

일차방정식의 풀이 과정이 바르게 된 것에는 ○표, 잘못된 것에는 ×표를 하고,
바르게 풀어 해를 구하세요.

$$0.3x-2=3(0.2x-0.3)$$
$$3x-2=30(0.2x-0.3)$$
$$3x-2=6x-9$$
$$-3x=-7$$
$$x=\frac{7}{3}$$

$\boxed{\times}$

$$0.12x-0.1=0.2x-0.02$$
$$12x-10=20x-2$$
$$-8=8x$$
$$x=-1$$

$\boxed{}$

$$0.05x-0.5=0.75$$
$$5x-5=75$$
$$5x=80$$
$$x=16$$

$\boxed{}$

$$0.7x+1.1=-(19+6x)$$
$$7x+11=-10(19+6x)$$
$$7x+11=-190-60x$$
$$67x=-201$$
$$x=-3$$

$\boxed{}$

$$4(0.5x-0.1)=0.2(2x+2)$$
$$40(0.5x-0.1)=2(2x+2)$$
$$20x-4=4x+4$$
$$24x=8$$
$$x=\frac{1}{3}$$

$\boxed{}$

⭐ 계수가 분수이면?

$$\frac{1}{2}x + 1 = \frac{2}{3}x$$

> 분모 2와 3을
> 동시에 없앨 수 있는
> **6을 양변에 곱하기**

$$6 \times \left(\frac{1}{2}x + 1\right) = \left(\frac{2}{3}x\right) \times 6$$

계수를
정수로 바꿔서
푸는 거구나!

$$3x + 6 = 4x$$

$$x = 6$$

▶ **개념 익히기 1**

일차방정식의 계수를 정수로 만들기 위해 양변에 같은 수를 곱하려고 합니다. 알맞은 수에 ○표 하세요.

01

$$\frac{9}{4}x = \frac{1}{2}x - 6$$

| 2 | 3 | ④ |

02

$$\frac{1}{5}x = 3 - \frac{2}{3}x$$

| 10 | 15 | 35 |

03

$$\frac{7}{10}x + 10 = \frac{5}{6}x$$

| 30 | 15 | 10 |

(식)에 분수가 곱해졌다면?

$$\frac{5}{6}x - 1 = \frac{3}{4}(x-2)$$

분모 6과 4의 최소공배수인 12를 양변에 곱하기

$$12 \times \left(\frac{5}{6}x - 1\right) = \left(\frac{3}{4}(x-2)\right) \times 12$$

❶   ❷   ❸ 세 수의 곱셈

$${}^{2}\cancel{12} \times \frac{5}{\cancel{6}_{1}}x \qquad 12 \times (-1)$$

$$\Rightarrow \frac{3}{\cancel{4}_{1}} \times \overset{3}{\cancel{12}} \times (x-2)$$

$$10x - 12 = 9(x-2)$$

$$10x - 12 = 9x - 18$$

$$x = -6$$

▶ **개념 익히기 2**

 2-24

빈칸에 알맞은 수를 쓰세요.

01

$$\left\{\frac{3}{2}(x-2)\right\} \times 12$$

수끼리 먼저 계산하기

➡ 18 × (x−2)

02

$$5 \times \left\{\frac{7}{5}(3+6x)\right\}$$

수끼리 먼저 계산하기

➡ ☐ × (3+6x)

03

$$\left\{\frac{15}{8}(4-x)\right\} \times 16$$

수끼리 먼저 계산하기

➡ ☐ × (4−x)

▶ 개념 다지기 1

분모의 최소공배수를 양변에 곱하여 일차방정식을 풀려고 합니다. 빈칸에 알맞은 수를 쓰세요.

01

$$30 \times \frac{2}{15}x = \left(-\frac{1}{6}x+3\right) \times 30$$

$$\boxed{4}\,x = \boxed{-5}\,x + 90$$

$$\boxed{}\,x = 90$$

$$x = \boxed{}$$

02

$$\frac{1}{2}x - 1 = \frac{2}{7}$$

$$\boxed{}\,x - 14 = \boxed{}$$

$$\boxed{}\,x = \boxed{}$$

$$x = \boxed{}$$

03

$$-\frac{3}{5}x - \frac{8}{5} = -\frac{x}{3}$$

$$\boxed{}\,x - \boxed{} = \boxed{}\,x$$

$$\boxed{}\,x = \boxed{}$$

$$x = \boxed{}$$

04

$$\frac{1}{10}x = \frac{1}{6}x + 4$$

$$\boxed{}\,x = 5x + \boxed{}$$

$$\boxed{}\,x = \boxed{}$$

$$x = \boxed{}$$

05

$$\frac{x}{2} - \frac{1}{2} = \frac{7}{6} - \frac{1}{3}x$$

$$3x - \boxed{} = 7 - \boxed{}\,x$$

$$\boxed{}\,x = \boxed{}$$

$$x = \boxed{}$$

06

$$\frac{1}{4} - \frac{5}{6}x = -\frac{3}{2}x + \frac{2}{3}$$

$$\boxed{} - \boxed{}\,x = -18x + \boxed{}$$

$$\boxed{}\,x = \boxed{}$$

$$x = \boxed{}$$

▶정답 및 해설 34쪽

▶ 개념 다지기 2

일차방정식의 계수를 정수로 바꾸려고 합니다. 빈칸에 알맞은 수를 쓰세요.

01

$$\frac{7}{12}x+2=\frac{5}{2}(x-1)$$

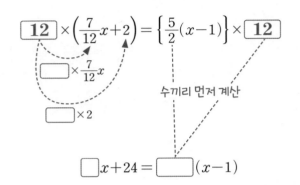

$$\boxed{12}\times\left(\frac{7}{12}x+2\right)=\left\{\frac{5}{2}(x-1)\right\}\times\boxed{12}$$

$$\boxed{}\times\frac{7}{12}x$$

수끼리 먼저 계산

$$\boxed{}\times2$$

$$\boxed{}x+24=\boxed{}(x-1)$$

$$\boxed{}x+24=\boxed{}x-\boxed{}$$

02

$$\frac{1}{4}(x+3)=\frac{2}{3}x+2$$

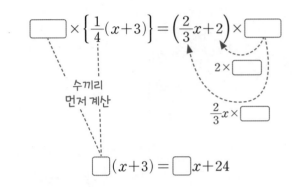

$$\boxed{}\times\left\{\frac{1}{4}(x+3)\right\}=\left(\frac{2}{3}x+2\right)\times\boxed{}$$

$$2\times\boxed{}$$

$$\frac{2}{3}x\times\boxed{}$$

수끼리 먼저 계산

$$\boxed{}(x+3)=\boxed{}x+24$$

$$\boxed{}x+\boxed{}=\boxed{}x+24$$

03

$$\frac{1}{2}(x-7)=\frac{1}{5}(2x+1)$$

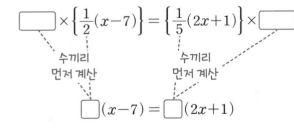

$$\boxed{}\times\left\{\frac{1}{2}(x-7)\right\}=\left\{\frac{1}{5}(2x+1)\right\}\times\boxed{}$$

수끼리 먼저 계산   수끼리 먼저 계산

$$\boxed{}(x-7)=\boxed{}(2x+1)$$

$$\boxed{}x-35=\boxed{}x+\boxed{}$$

04

$$-\frac{2}{3}(x-1)=\frac{1}{9}x+6$$

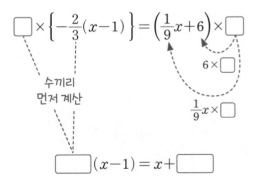

$$\boxed{}\times\left\{-\frac{2}{3}(x-1)\right\}=\left(\frac{1}{9}x+6\right)\times\boxed{}$$

$$6\times\boxed{}$$

$$\frac{1}{9}x\times\boxed{}$$

수끼리 먼저 계산

$$\boxed{}(x-1)=x+\boxed{}$$

$$\boxed{}x+\boxed{}=x+\boxed{}$$

▶ 정답 및 해설 35쪽

▶ 개념 마무리 1

일차방정식을 푸세요.

01 $\dfrac{4}{3}x - \dfrac{1}{2} = -\dfrac{1}{6}$

$$6 \times \left(\dfrac{4}{3}x - \dfrac{1}{2}\right) = \left(-\dfrac{1}{6}\right) \times 6$$

$$8x - 3 = -1$$

$$8x = 2$$

$$x = \dfrac{1}{4}$$

답: $x = \dfrac{1}{4}$

02 $\dfrac{4}{5} + \dfrac{3}{10}x = -1$

03 $\dfrac{1}{4}x + 2 = \dfrac{1}{14}x - 3$

04 $\dfrac{4}{5}x - 2 = \dfrac{2}{3}(x+3)$

05 $2\left(x + \dfrac{1}{3}\right) = -x - \dfrac{5}{6}$

06 $\dfrac{1}{8}(x-6) = 3\left(\dfrac{1}{4}x - \dfrac{3}{2}\right)$

▶ 정답 및 해설 36쪽

▶ 개념 마무리 2

주어진 일차방정식의 풀이에 대한 대화입니다. 잘못 말한 사람의 이름을 쓰세요.

01

$$\frac{1}{2}x+2=\frac{1}{6}x+1$$

종우: 분모에 2와 6이 있으니까 12를 곱해서 계수를 정수로 만들면 돼.

지수: 분모의 최소공배수인 6을 곱하는 게 더 간단해.

민희: 종우랑 지수의 방법으로 각각 구해보니까 방정식이 달라 보이는데?
　　　그러면 해도 다르게 나오겠다!

민희

02

$$\frac{1}{3}(3x-6)=5x+2$$

태리: 괄호를 먼저 풀면 $x-2=5x+2$가 되지.

윤찬: 괄호를 먼저 풀지 말고 양변에 3을 곱하면 $3x-6=15x+2$가 되지.

수호: 방정식의 해는 $x=-1$이야.

03

$$4\left(\frac{3}{2}-x\right)=-4+\frac{1}{2}x$$

현아: 양변에 2를 곱하면 $8\left(\frac{3}{2}-x\right)=-8+x$가 되지.

자현: 양변에 2를 곱할 때, 좌변은 2를 괄호에 먼저 곱해서
　　　$4(3-2x)=-8+x$로 만들 수 있어.

경호: 자현이가 만든 식으로 해를 구하니까 $x=2$야.

7 계수가 분수인 일차방정식 (2)

⭐ 분자에 항이 여러 개 있으면?

> 분자를 하나의 덩어리로 생각하기!

$$\frac{2x+1}{3} - \frac{x-3}{2} = 1$$

$$6 \times \left(\frac{2x+1}{3} - \frac{x-3}{2} \right) = (1) \times 6$$

$${}^2\cancel{6} \times \frac{2x+1}{\cancel{3}_1}$$

$${}^3\cancel{6} \times \frac{x-3}{\cancel{2}_1}$$

$$2(2x+1) - 3(x-3) = 6$$

$$4x + 2 - 3x + 9 = 6$$

$$x = -5$$

▶ 개념 익히기 1

양변에 알맞은 수를 곱해서 식의 모양을 바꾸려고 합니다. 빈칸을 알맞게 채우세요.

01

$$\frac{4x-9}{3} = \frac{1}{2}$$

$$\boxed{6}^2 \times \frac{4x-9}{\cancel{3}_1} = \frac{1}{2} \times \boxed{6}^3$$

$$\boxed{2} \times (4x-9) = \boxed{3}$$

02

$$\frac{5x+8}{3} = \frac{3x}{4}$$

$$\boxed{} \times \frac{5x+8}{3} = \frac{3x}{4} \times \boxed{}$$

$$\boxed{} \times (5x+8) = 3x \times \boxed{}$$

03

$$\frac{-x-6}{5} = \frac{2x-10}{6}$$

$$\boxed{} \times \frac{-x-6}{5} = \frac{2x-10}{6} \times \boxed{}$$

$$\boxed{} \times (-x-6) = (2x-10) \times \boxed{}$$

계수에 분수와 소수가 섞여 있으면?

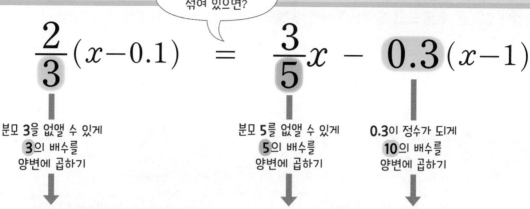

$$\frac{2}{3}(x-0.1) = \frac{3}{5}x - 0.3(x-1)$$

분모 **3**을 없앨 수 있게 **3**의 배수를 양변에 곱하기

분모 **5**를 없앨 수 있게 **5**의 배수를 양변에 곱하기

0.3이 정수가 되게 **10**의 배수를 양변에 곱하기

3 , **5** , **10** 의 최소공배수인 **30**을 양변에 곱하기

$$30 \times \left\{\frac{2}{3}(x-0.1)\right\} = \left\{\frac{3}{5}x - 0.3(x-1)\right\} \times 30$$

$$20(x-0.1) = 18x - 9(x-1)$$

$$20x - 2 = 18x - 9x + 9$$

$$11x = 11$$

$$x = 1$$

복잡한 계수는 정수로 바꿔서 풀기~

▶ 개념 익히기 2

양변에 알맞은 수를 곱해서 방정식의 계수를 정수로 바꾸려고 합니다. 빈칸을 알맞게 채우세요.

01

$$\frac{2}{7}(4x-1) = 0.1(x-1)$$

양변에 **7** 과 **10** 의 최소공배수인 **70** 을 곱하기

02

$$\frac{4}{5}x + 3 = 0.8(3x+4)$$

양변에 ☐ 와 ☐ 의 최소공배수인 ☐ 을 곱하기

03

$$1.6x - 6 = \frac{1}{9}(5-3x)$$

양변에 ☐ 과 ☐ 의 최소공배수인 ☐ 을 곱하기

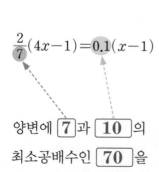

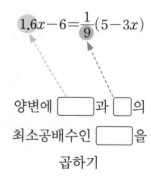

▶ 정답 및 해설 37쪽

▶ 개념 다지기 1

빈칸에 알맞은 수를 쓰고, 일차방정식을 푸세요.

01
$$\frac{6x-1}{2}+\frac{5x-6}{5}=2$$

$$\boxed{10}\times\left(\frac{6x-1}{2}+\frac{5x-6}{5}\right)=2\times\boxed{10}$$

$$\boxed{5}\times(6x-1)+\boxed{2}\times(5x-6)=\boxed{20}$$

➡
$$30x-5+10x-12=20$$
$$40x=37$$
$$x=\frac{37}{40}$$

답: $x=\dfrac{37}{40}$

02
$$\frac{x-2}{3}+\frac{3x+1}{4}=-1$$

$$\boxed{}\times\left(\frac{x-2}{3}+\frac{3x+1}{4}\right)=(-1)\times\boxed{}$$

$$\boxed{}\times(x-2)+\boxed{}\times(3x+1)=\boxed{}$$

➡

03
$$\frac{x-1}{2}-\frac{3x-8}{3}=1$$

$$\boxed{}\times\left(\frac{x-1}{2}-\frac{3x-8}{3}\right)=1\times\boxed{}$$

$$\boxed{}\times(x-1)-\boxed{}\times(3x-8)=\boxed{}$$

➡

04
$$\frac{2x-1}{3}-\frac{2x+4}{5}=5$$

$$\boxed{}\times\left(\frac{2x-1}{3}-\frac{2x+4}{5}\right)=5\times\boxed{}$$

$$\boxed{}\times(2x-1)-\boxed{}\times(2x+4)=\boxed{}$$

➡

▶ 개념 다지기 2

빈칸에 알맞은 수를 쓰고, 일차방정식을 푸세요.

01

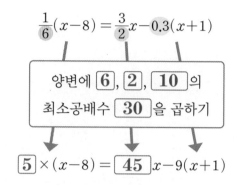

$$\frac{1}{6}(x-8) = \frac{3}{2}x - 0.3(x+1)$$

양변에 $\boxed{6}$, $\boxed{2}$, $\boxed{10}$ 의
최소공배수 $\boxed{30}$ 을 곱하기

$$\boxed{5} \times (x-8) = \boxed{45}x - 9(x+1)$$

➡
$$5x - 40 = 45x - 9x - 9$$
$$5x - 40 = 36x - 9$$
$$-31x = 31$$
$$x = -1$$

답: $x = -1$

02

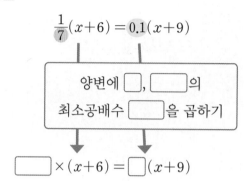

$$\frac{1}{7}(x+6) = 0.1(x+9)$$

양변에 $\boxed{}$, $\boxed{}$ 의
최소공배수 $\boxed{}$ 을 곱하기

$$\boxed{} \times (x+6) = \boxed{}(x+9)$$

➡

03

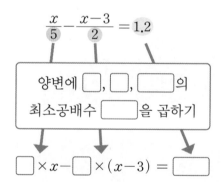

$$\frac{x}{5} - \frac{x-3}{2} = 1.2$$

양변에 $\boxed{}$, $\boxed{}$, $\boxed{}$ 의
최소공배수 $\boxed{}$ 을 곱하기

$$\boxed{} \times x - \boxed{} \times (x-3) = \boxed{}$$

➡

04

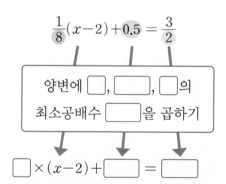

$$\frac{1}{8}(x-2) + 0.5 = \frac{3}{2}$$

양변에 $\boxed{}$, $\boxed{}$, $\boxed{}$ 의
최소공배수 $\boxed{}$ 을 곱하기

$$\boxed{} \times (x-2) + \boxed{} = \boxed{}$$

➡

▶ 정답 및 해설 38~39쪽

▶ 개념 마무리 1

노트에 적힌 두 방정식의 해가 같은 것을 찾아 ○표 하세요.

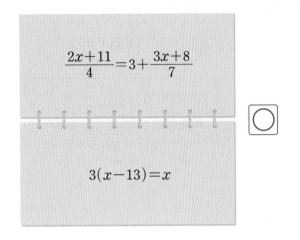

$$\frac{2x+11}{4}=3+\frac{3x+8}{7}$$

$$3(x-13)=x$$

○

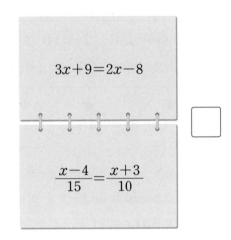

$$3x+9=2x-8$$

$$\frac{x-4}{15}=\frac{x+3}{10}$$

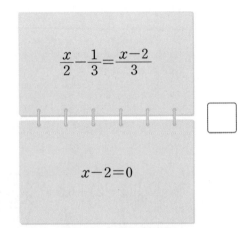

$$\frac{x}{2}-\frac{1}{3}=\frac{x-2}{3}$$

$$x-2=0$$

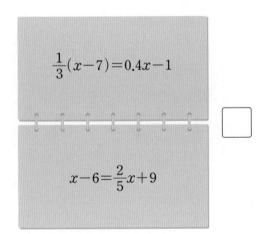

$$\frac{1}{3}(x-7)=0.4x-1$$

$$x-6=\frac{2}{5}x+9$$

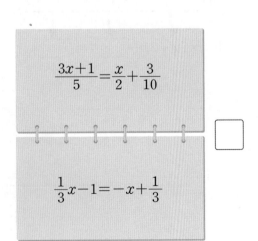

$$\frac{3x+1}{5}=\frac{x}{2}+\frac{3}{10}$$

$$\frac{1}{3}x-1=-x+\frac{1}{3}$$

▶ 개념 마무리 2

일차방정식을 푸세요.

01

$$\frac{4}{5}x = \frac{2x+1}{3} - (0.1x - 2)$$

$$30 \times \frac{4}{5}x = \left\{ \frac{2x+1}{3} - (0.1x - 2) \right\} \times 30$$

$$24x = 10(2x+1) - 30(0.1x - 2)$$

$$24x = 20x + 10 - 3x + 60$$

$$24x = 17x + 70$$

$$7x = 70$$

$$x = 10$$

답: $x = 10$

02

$$\frac{2x-3}{6} = 0.2x - \frac{4}{5}$$

03

$$\frac{11}{25}x + 0.04 = \frac{x-1}{2}$$

04

$$\frac{9x-11}{5} - 3(x+6) = 1.8x - 5.2$$

응용 ① 미지수가 있는 비례식이 나오면?

비례식의 성질

$a : b = c : d$

➡ $bc = ad$

비례식에서
내항의 곱은
외항의 곱과 같다!

$$(2x - 3) : 1 = (3 + 2x) : 3$$

$$3 + 2x = 3(2x - 3)$$

비례식의 성질을 이용해서,
우리에게 익숙한 모양으로
바꾸면 되는구나~

$$3 + 2x = 6x - 9$$

$$-4x = -12$$

$$x = 3$$

▶ 개념 익히기 1

비례식의 성질을 이용하여 식의 모양을 바꾸어 보세요.

01

$$2(x + 1) = 3x$$

02

$4 : x = 8 : (3x - 1)$

03

$(4x - 3) : 5 = (x - 1) : 2$

응용 ❷ 해가 같은 두 방정식이 나오면?

x에 대한 두 일차방정식
$10-x=20-3(x+2)$와
$5x-2(a+1)=4$ 의 해가 같을 때, 상수 a의 값은?

① x의 값을 찾기!

$10-x=20-3(x+2)$

$10-x=20-3x-6$

$2x=4$

$x=2$

해가 같으니까,
다른 방정식에 대입해도
성립!

② 대입해서 식이
성립하는 값 찾기!

$5x-2(a+1)=4$
2 대입
$5\times2-2(a+1)=4$

$10-2a-2=4$

a에 대한
일차방정식이 됐네~

$-2a=-4$

$a=2$

답 $a=2$

▶ 개념 익히기 2

x에 대한 두 일차방정식의 해가 같을 때, 해를 먼저 구해야 하는 식에 ○표 하세요.

01

$4x+9=a$

$\left(-6x=2x+3\right)$

02

$0.1x+7=8$

$ax=3-12x$

03

$19-15x=3$

$x+24=-2a$

▶ 정답 및 해설 42쪽

▶ 개념 다지기 1

주어진 비례식을 만족시키는 x의 값을 구하세요.

01 $(7x-2):6=(2x+3):2$

$$6(2x+3)=2(7x-2)$$
$$12x+18=14x-4$$
$$-2x=-22$$
$$x=11$$

답: $x=11$

02 $3:5=(x-4):4x$

03 $4:(x-1)=2:(x+3)$

04 $(2x+1):(x-9)=5:2$

05 $1:(5x-6)=3:(x+10)$

06 $9:4=5x:(x-11)$

▶ 정답 및 해설 43쪽

▶ 개념 다지기 2

x에 대한 두 일차방정식의 해가 같을 때, 방정식의 해를 구하고 상수 a의 값을 구하세요.

01

$$\underset{\text{먼저 풀기}}{\underline{3x-6=12}} \ , \ \underset{\text{대입}}{2x+a=21}$$

$3x-6=12$

$3x=18$

$\boxed{x=6}$

$2\times 6+a=21$

$12+a=21$

$a=9$

➡ 방정식의 해: $x=6$

$a=9$

02

$$-4x+1=-15 \ , \ 5x+12=-8a$$

➡ 방정식의 해:

$a=$

03

$$ax-10=4 \ , \ -x+4=-3$$

➡ 방정식의 해:

$a=$

04

$$6x+20=2 \ , \ -7x+4a=9$$

➡ 방정식의 해:

$a=$

05

$$ax-7x=12 \ , \ 15-5x=5$$

➡ 방정식의 해:

$a=$

06

$$3+10x=33 \ , \ -2x+8a=14a$$

➡ 방정식의 해:

$a=$

▶ 정답 및 해설 44쪽

▶ 개념 마무리 1

방정식의 해가 같은 것끼리 선으로 이으세요.

$$\frac{2}{7}x - \frac{1}{35} = \frac{1}{5}x + 1$$

$$(2x-3) : 1 = (12-x) : 3$$

$$3x - 4(x-6) = 36$$

$$(4x+5) : (x+3) = 1 : 2$$

$$-0.03(x-3) + 0.1(4+2x) = 1$$

$$2 : (6-x) = 3 : (3-x)$$

$$\frac{7x-15}{8} = \frac{3}{4}x - 2$$

▶ 개념 마무리 2

x에 대한 두 일차방정식의 해가 같을 때, 상수 a의 값을 구하세요.

01 $\begin{cases} 2x-1=-10(x-2)+3 \\ 5x+3(a-1)=9 \end{cases}$

대입

$2x-1=-10(x-2)+3$

$2x-1=-10x+20+3$

$2x-1=-10x+23$

$12x=24$

$\boxed{x=2}$

➡ $5\times2+3(a-1)=9$

$10+3a-3=9$

$3a+7=9$

$3a=2$

$a=\dfrac{2}{3}$

답: $\dfrac{2}{3}$

02 $\begin{cases} 6(x-4)+4=8(8-x) \\ \dfrac{x}{4}+\dfrac{1}{2}a=\dfrac{2}{3}x \end{cases}$

03 $\begin{cases} 7a+(a+2)x=16 \\ \dfrac{2}{9}(x-10)=\dfrac{4}{3}x \end{cases}$

04 $\begin{cases} \dfrac{2}{5}x-0.2=0.1x+1 \\ 9(x-5a)+42a=30 \end{cases}$

단원 마무리

2-41

01 식 $9x+3=0$에 대한 설명으로 옳지 <u>않은</u> 것은?

① 등식입니다.
② 문자가 있는 식입니다.
③ 일차방정식입니다.
④ x는 미지수입니다.
⑤ $x=-3$일 때 등식이 참이 됩니다.

02 다음 중 일차방정식인 것은?

① $x+5=x$
② $2x+6=6$
③ $3x-1=x^2$
④ $x=3x-2x$
⑤ $\dfrac{5}{x}-2=0$

03 다음 일차방정식을 푸시오.

$$7-8(x+2)=10x$$

04 다음 등식에서 항등식을 모두 찾아 기호를 쓰시오.

> ㉠ $5x-1=4x$
> ㉡ $2+10x=10x-2$
> ㉢ $3(1-x)=3-3x$
> ㉣ $6(x+2)-5x=x+12$

05 일차방정식 $0.2x+7=0.13x$의 양변에 같은 수를 곱해서 계수를 정수로 만들려고 합니다. 곱해야 하는 수 중에서 가장 작은 수를 쓰시오.

06 일차방정식의 계수를 정수로 바꾸어 푸는 과정입니다. 빈칸에 들어갈 수로 옳지 <u>않은</u> 것은?

$$1.8(x-2) = x+2$$
$$\boxed{1}(x-2) = 10x+20$$
$$18x - \boxed{2} = 10x+20$$
$$18x - 10x = \boxed{3} + 36$$
$$8x = \boxed{4}$$
$$x = \boxed{5}$$

① 18   ② 2   ③ 20
④ 56   ⑤ 7

07 다음 일차방정식을 푸시오.

$$\frac{1}{7}x - 2 = \frac{1}{2}(5-x)$$

08 일차방정식 $8(x-2)=x+19$를 푸는 과정을 설명한 것입니다. 푸는 순서에 맞게 기호를 쓰시오.

> ㉠ $ax=b$ $(a \neq 0)$꼴로 정리합니다.
> ㉡ x는 x끼리, 상수항은 상수항끼리 모이게 이항합니다.
> ㉢ 양변을 x의 계수로 나누어 해를 구합니다.
> ㉣ 괄호를 먼저 풉니다.

09 다음 중 비례식 $3:(x-6)=2:(4x+1)$을 만족하는 x의 값은?

① -1 ② $-\frac{3}{2}$ ③ -2
④ $-\frac{5}{2}$ ⑤ -3

10 등식 $4x-10=2(2x+a)$가 x에 대한 항등식일 때, 상수 a의 값을 구하시오.

11 다음 일차방정식 중 양변에 30을 곱했을 때, 계수와 상수항이 모두 정수로 바뀌는 것은?

① $\dfrac{x-8}{3}=\dfrac{1}{4}$

② $0.3(2x+7)=\dfrac{x}{7}$

③ $0.9x=\dfrac{3x-4}{11}$

④ $5=\dfrac{1}{5}-\dfrac{x+1}{6}$

⑤ $\dfrac{5x}{9}=0.1(8+x)$

12 다음 중 일차방정식 $20x-4=1-5x$와 해가 같은 것은?

① $2x=10$

② $9+x=3$

③ $\dfrac{x}{3}+7=1$

④ $34-4(x+6)=8$

⑤ $\dfrac{5x-3}{2}=-1$

13 일차방정식 $\dfrac{x+3}{4}-\dfrac{2x+1}{10}=2$에 대한 설명으로 옳은 것의 기호를 모두 쓰시오.

> ㉠ 양변에 20을 곱해서 계수를 정수로 바꿀 수 있습니다.
> ㉡ $5(x+3)-2(2x+1)=40$과 해가 같습니다.
> ㉢ 방정식의 해는 $x=3$입니다.

14 일차방정식 $\dfrac{1}{3}(7x+1)=2\left(2x-\dfrac{1}{4}\right)$을 친구들과 순서대로 풀고 있습니다. 잘못 풀기 시작한 친구의 이름을 쓰시오.

> 연수: 양변에 12를 곱했더니
> $4(7x+1)=24\left(2x-\dfrac{1}{4}\right)$이 되었어.
> 은혁: 연수의 식에서 괄호를 풀었더니
> $28x+4=48x-6$이 되던데?
> 지연: 은혁이의 식에서 이항하여 계산했더니 $-20x=10$이 되었지.
> 재우: 지연이의 식에서 해를 구했더니
> $x=-\dfrac{1}{2}$이야.

15 등식 $16x-11=2(ax-2)+8$이 x에 대한 일차방정식일 때, 다음 중 상수 a의 값이 될 수 없는 것은?

① -8
② -4
③ -2
④ 4
⑤ 8

16 다음 중 해가 가장 작은 방정식을 찾아 기호를 쓰시오.

> ㉠ $4x-2(3x-5)=12$
>
> ㉡ $2-\dfrac{x}{2}=\dfrac{4-x}{4}$
>
> ㉢ $3(0.2x+0.6)=5x-7$

17 일차방정식 $\dfrac{x-1}{6}-\dfrac{2x-5}{4}=1$의 양변에 같은 수를 곱해서 모든 계수를 정수로 바꾸려고 합니다. 다음 중 바꾼 식으로 알맞은 것은?

① $4(x-1)-6(2x-5)=1$
② $4(x-1)+6(2x-5)=24$
③ $2(x-1)+3(2x-5)=1$
④ $2(x-1)-6(2x-5)=12$
⑤ $2(x-1)-3(2x-5)=12$

18 x에 대한 일차방정식 $\dfrac{ax}{3}+\dfrac{a-2x}{2}=12$의 해가 $x=2$일 때, 상수 a의 값을 구하시오.

19 다음 일차방정식을 푸시오.

$$\frac{7x-3}{15}-0.8(x-4)=\frac{1}{3}x$$

20 x에 대한 두 일차방정식의 해가 같을 때, 상수 a의 값을 구하시오.

> $2=\dfrac{6x-8}{11}, \quad 4x-a=15$

▶ 정답 및 해설 51쪽

2-45

서술형 문제

21 다음 일차방정식을 푸시오.

$$3(17x-10-15x+5)+2x=9$$

┌ 풀이 ─────────────────┐
│   │
│   │
│   │
│   │
│   │
│   │
│   │
│   │
└──────────────────────────┘

서술형 문제

22 다음 그림에서 위 칸의 식은 바로 아래 두 칸의 식을 합한 것입니다. 물음에 답하시오.

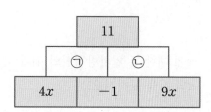

(1) ㉠, ㉡에 알맞은 식을 구하시오.

(2) 그림의 규칙이 성립하도록 하는 x의 값을 구하시오.

서술형 문제

23 x에 대한 두 일차방정식
$0.3(x+15)=-0.2x+8$, $2x+18=3-k$의 해는 절댓값이 같고 부호가 서로 반대일 때, 상수 k의 값을 구하시오.

┌ 풀이 ─────────────────┐
│   │
│   │
│   │
│   │
│   │
│   │
│   │
│   │
│   │
│   │
└──────────────────────────┘

방정식의 역사

방정식은 영어로 equation인데, equal과 어원이 같아요. '두 양을 같다고 놓는 것' 이라는 뜻이지요. 수학에서 말하는 방정식은 미지수를 포함하는 등식으로 미지수의 차수에 따라 일차, 이차, 삼차방정식으로 부르고, 3차 이상은 고차방정식 이라고 부릅니다.

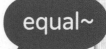

일차방정식을 누가 만들고, 해법을 누가 찾아냈는지는 알려진 바가 없지만, 모스크바 파피루스(B.C. 1850)와 린드 파피루스 (B.C. 1650)를 통해 오래 전부터 방정식을 사용했다는 것을 알 수 있지요. 근데, 이때의 방정식은 말로 풀어낸 문제와 같은 것 이었어요. 하지만, 데카르트(1596~1650)가 미지수를 문자로 나타내면서 방정식을 지금과 같은 형태로 쓰기 시작했고, 덕분에 우리는 빠르게 이해하면서 더 널리 활용할 수 있는 수학을 공부 할 수 있게 되었지요.

현재 사용하는 일차방정식의 해법인 이항법은 인도 수학자 알콰리즈미(780~846)가 쓴 최초의 대수학 책인 <복원과 축소의 과학>에서 처음 체계적으로 소개됩니다. 이항법은 알콰리즈미가 시장에서 물건을 이쪽저쪽으로 옮기며 무게를 측정하는 데 쓰는 천칭저울을 보다가 발견했다고 해요.

3 일차방정식의 활용

이번 단원에서 배울 내용

1 어떤 수 문제

2 연속하는 수 문제 (1)

3 연속하는 수 문제 (2)

4 자릿수에 대한 문제

5 나이에 대한 문제

방정식을 세우는 방법

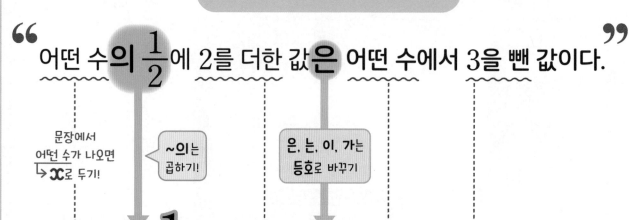

어떤 수의 $\frac{1}{2}$에 2를 더한 값은 어떤 수에서 3을 뺀 값이다.

문장에서
어떤 수가 나오면
↳ x로 두기!

~의는
곱하기!

은, 는, 이, 가는
등호로 바꾸기

$$x \times \frac{1}{2} + 2 = x - 3$$

곱하기로 바꾸기

~의
~의 몇 배
몇 배

$\frac{1}{2}x + 2 = x - 3$

$x + 4 = 2x - 6$

$x = 10$

등호로 바꾸기

~는 …이다
~는 …와 같다
~하면 …이 된다

▶ 개념 익히기 1

문장을 식으로 나타낸 것을 보고 ◯ 안에 알맞은 기호를 쓰세요.

01

어떤 수의 3배에 2를 더한 값은 10이다.

$x \ⓧ\ 3 \ⓐ\ 2 = 10$

02

어떤 수의 4배에서 7을 뺀 값은 13이다.

$x \ ◯\ 4 \ ◯\ 7 \ ◯\ 13$

03

어떤 수에 4를 더한 값은 어떤 수의 6배에서 21을 뺀 값과 같다.

$x \ ◯\ 4 = x \ ◯\ 6 \ ◯\ 21$

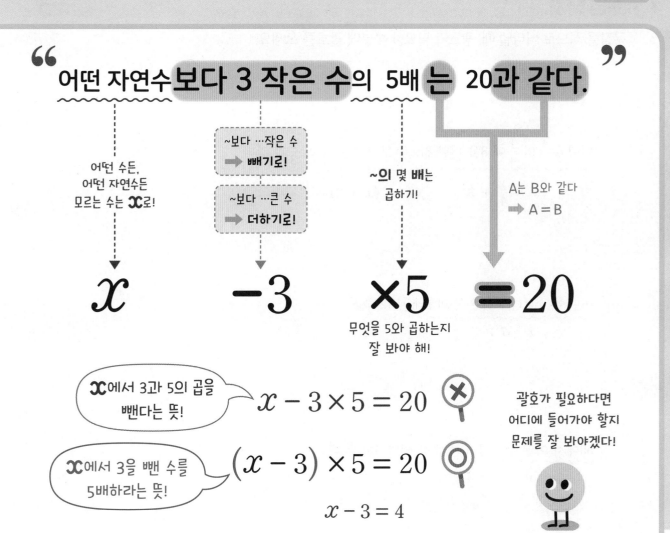

어떤 자연수보다 3 작은 수의 5배는 20과 같다.

어떤 수든,
어떤 자연수든
모르는 수는 x로!

~보다 …작은 수
➡ 빼기로!

~보다 …큰 수
➡ 더하기로!

~의 몇 배는
곱하기!

A는 B와 같다
➡ A = B

$$x \qquad -3 \qquad \times 5 \qquad = 20$$

무엇을 5와 곱하는지
잘 봐야 해!

x에서 3과 5의 곱을
빼다는 뜻!

$$x - 3 \times 5 = 20 \quad ⊗$$

x에서 3을 뺀 수를
5배하라는 뜻!

$$(x - 3) \times 5 = 20 \quad ⊙$$

$$x - 3 = 4$$

$$x = 7$$

괄호가 필요하다면
어디에 들어가야 할지
문제를 잘 봐야겠다!

▶ 개념 익히기 2

문장을 식으로 쓰세요.

01

어떤 자연수 a보다 15 큰 수　➡　<u>　$a + 15$　</u>

02

어떤 정수 y보다 4 작은 수　➡　<u>　　　　　　</u>

03

어떤 유리수 x보다 3 큰 수　➡　<u>　　　　　　</u>

▶ 정답 및 해설 52쪽

▶ 개념 다지기 1

문장을 식으로 나타낼 때, 괄호가 필요한 부분에 괄호를 쓰세요.

01

어떤 수 x의 $\frac{1}{4}$에 3을 더한 값은 x보다 2 큰 수의 $\frac{1}{3}$과 같다.

$$x \times \frac{1}{4} + 3 \qquad = \qquad (x + 2) \times \frac{1}{3}$$

02

어떤 수 x보다 7 작은 수의 5배는 42이다.

$$x - 7 \times 5 \qquad = \qquad 42$$

03

50에서 어떤 수보다 3 큰 수를 빼면 6이 된다.

$$50 - x + 3 \qquad = 6$$

04

24는 어떤 수 x보다 7 큰 수의 3배와 같다.

$$24 = \qquad x + 7 \times 3$$

05

어떤 수 x의 8배는 10보다 x만큼 작은 수의 4배와 같다.

$$x \times 8 \qquad = \qquad 10 - x \times 4$$

06

39보다 어떤 수 x만큼 작은 수는 x보다 1 큰 수의 9배와 같다.

$$39 - x \qquad = \qquad x + 1 \times 9$$

▶ 개념 다지기 2

문장에 알맞은 방정식과 해를 찾아 선으로 이으세요.

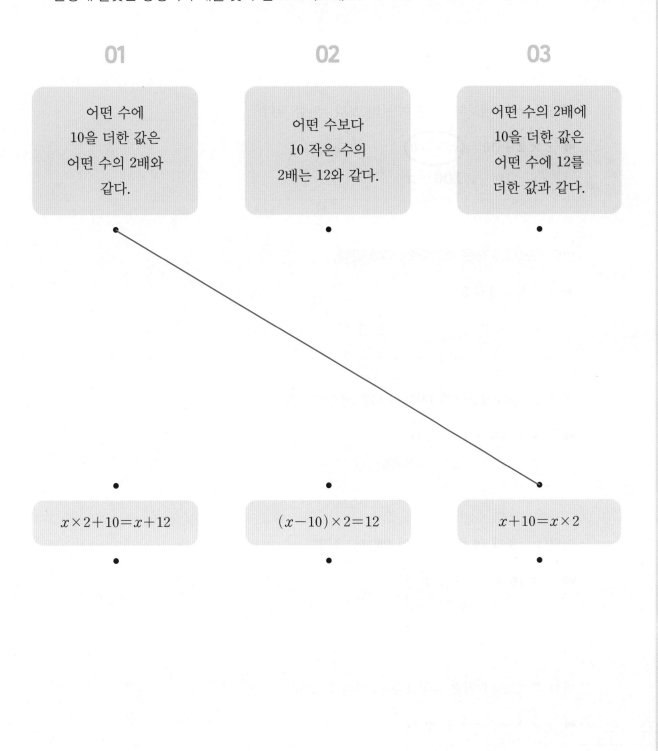

01

어떤 수에
10을 더한 값은
어떤 수의 2배와
같다.

02

어떤 수보다
10 작은 수의
2배는 12와 같다.

03

어떤 수의 2배에
10을 더한 값은
어떤 수에 12를
더한 값과 같다.

$x \times 2 + 10 = x + 12$

$(x - 10) \times 2 = 12$

$x + 10 = x \times 2$

$x = 10$

$x = 2$

$x = 16$

▶ 정답 및 해설 53쪽

▶ 개념 마무리 1

문장을 식으로 나타낸 것을 보고, 잘못된 부분을 찾아 바르게 고치세요.

01

어떤 수 x의 2배보다 10 큰 수는 100보다 x만큼 작다.

➡ $x \times 2 + 10 = \boxed{x - 100}$

$100 - x$

02

어떤 수보다 5 작은 수의 5배는 5와 같다.

➡ $x - 5 \times 5 = 5$

03

어떤 수 x의 3배는 x의 4배에서 12를 뺀 값과 같다.

➡ $x \times 3 = x \times (4 - 12)$

04

어떤 수 x보다 16 큰 수는 x의 2배보다 3 작다.

➡ $x \times 16 = x \times 2 - 3$

05

어떤 수 x보다 5 작은 수의 3배는 x보다 20 크다.

➡ $x \times 3 - 5 = x + 20$

06

어떤 수의 10배보다 1 큰 수는 30보다 x만큼 작다.

➡ $(x + 1) \times 10 = 30 - x$

▶ 정답 및 해설 54쪽

▶ 개념 마무리 2

물음에 답하세요.

01 어떤 수의 5배에서 7을 뺀 수는 어떤 수의 2배에 5를 더한 수와 같다. 어떤 수는?

$$x \times 5 - 7 = x \times 2 + 5$$
$$5x - 7 = 2x + 5$$
$$3x = 12$$
$$x = 4$$

답: 4

02 어떤 수보다 5 작은 수의 3배는 15와 같다. 어떤 수는?

03 어떤 수를 2배하여 6을 더한 수는 어떤 수의 4배와 같다. 어떤 수는?

04 어떤 수의 $\frac{1}{2}$에 3을 더한 수는 어떤 수에서 21을 뺀 수와 같다. 어떤 수는?

05 어떤 수의 7배에 1을 더한 수는 어떤 수의 5배보다 9 크다. 어떤 수는?

06 어떤 수보다 8 큰 수의 2배는 어떤 수보다 2 큰 수의 3배와 같다. 어떤 수는?

2 연속하는 수 문제 (1)

문제 ➊ 연속하는 세 자연수가 있다. 세 자연수의 합이 30일 때, ➋ ➌ 가장 큰 수는?

풀이

➊ 연속 : 끊어지지 않고 쭉~ 이어지는 것

➋ 연속하는 세 자연수 : 예 9, 10, 11
+1 +1

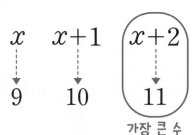

연속하는 세 자연수
$$x, \ x+1, \ x+2$$

➌ 세 자연수의 합이 30

$$x + x+1 + x+2 = 30$$

$$3x+3 = 30$$
$$3x = 27$$
$$x = 9$$

따라서, 세 자연수는

$$x \qquad x+1 \qquad x+2$$

$$9 \qquad 10 \qquad 11$$

가장 큰 수

x값이 곧바로 답이 되는 게 아니구나!

답 11

▶ 개념 익히기 1

연속하는 세 정수를 바르게 나타낸 것에 ○표 하세요. (단, x는 정수)

01

$$x-1, \quad x, \quad x+1$$

(○)

$$4, \quad 6, \quad 8$$

( )

02

$$101, \quad 102, \quad 103$$

( )

$$x, \quad x, \quad x$$

( )

03

$$10, \quad 20, \quad 30$$

( )

$$x, \quad x+1, \quad x+2$$

( )

다른 풀이 연속하는 세 자연수의 **가운데 수**를 x로 생각하기!

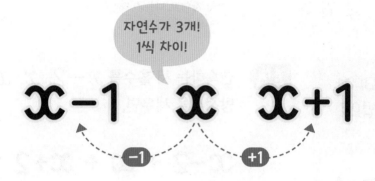

자연수가 3개!
1씩 차이!

연속하는 세 자연수의 합이 30일 때, 가장 큰 수를 구하면 되니까~

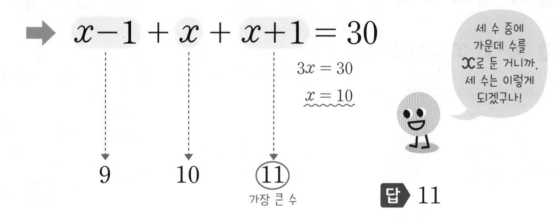

➡ $x-1+x+x+1=30$

$$3x = 30$$
$$x = 10$$

세 수 중에
가운데 수를
x로 둔 거니까,
세 수는 이렇게
되겠구나!

9 　 10 　 ⑪
가장 큰 수

답 11

▶ 개념 익히기 2

물음에 답하세요.

01

x를 **가운데 수**로 하여 연속하는 세 자연수를 쓰세요.

➡ $x-1, \ x, \ x+1$

02

x를 **가장 작은 수**로 하여 연속하는 세 자연수를 쓰세요.

➡

03

x를 **가장 큰 수**로 하여 연속하는 세 자연수를 쓰세요.

➡

문제 연속하는 세 홀수의 합이 123일 때, 가장 큰 홀수는?

홀수 : 1, 3, 5, 7, …
+2 +2 +2

> 연속하는 홀수는
> 2씩 차이가 나는구나!

차이가 **2**이기만 하면 되니까,
세 홀수는 여러 가지 방법으로
쓸 수 있어!

방법① x, $x+2$, $x+4$

방법② $x-4$, $x-2$, x

방법③ $x-2$, x, $x+2$

풀이 연속하는 세 홀수를 $x-2$, x, $x+2$라고 하고
방정식을 세우면,

$$x-2 + x + x+2 = 123$$
$$3x = 123$$
$$x = 41$$

➡ 연속하는 세 홀수 : $x-2$ x $x+2$

39   41   43

답 43

▶ 개념 익히기 1

정수 x를 이용하여 나타낸 수를 보고 알맞은 설명에 V표 하세요.

01

$$x, \quad x+5$$

차이가 5인 두 수   ☑

합이 5가 되는 두 수   ☐

02

$$x-4, \quad x-2, \quad x$$

2씩 차이가 나는 세 수   ☐

연속한 세 자연수   ☐

03

$$x-2, \quad x, \quad x+2$$

연속한 세 정수   ☐

연속한 세 짝수   ☐

★ 연속하는 수에 대한 문제는~

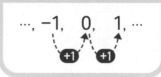
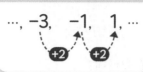
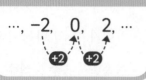

차이가 **1**씩   차이가 **2**씩   차이가 **2**씩

➡ 연속하는 수에 따라 x를 이용하여
여러 가지 방법으로 식을 세울 수 있어!

- **연속하는 두 정수**: x, $x+1$ (다른 예 $x-1$, x)

- **연속하는 세 정수**: $x-1$, x, $x+1$ (다른 예 x, $x+1$, $x+2$)

- **연속하는 두 홀수/짝수**: x, $x+2$ (다른 예 $x-2$, x)

- **연속하는 세 홀수/짝수**: $x-2$, x, $x+2$ (다른 예 x, $x+2$, $x+4$)

▶ 개념 익히기 2

x를 이용하여 연속하는 수를 **작은 것부터 크기 순서대로** 나타내려고 합니다.
빈칸에 알맞은 식을 쓰세요.

01

연속하는 세 홀수

➡ x, $\boxed{x+2}$, $x+4$

➡ $x-2$, $\boxed{x}$, $\boxed{x+2}$

02

연속하는 두 홀수

➡ $\square$, $x+2$

➡ $\boxed{}$, x

03

연속하는 세 짝수

➡ x, $\boxed{}$, $x+4$

➡ $\boxed{}$, x, $\boxed{}$

▶ 정답 및 해설 56쪽

▶ 개념 다지기 1

정수 x를 사용하여 연속하는 수를 나타냈습니다. 빈칸에 알맞은 수를 쓰고, 괄호 안에서
가능한 것에 ○표 하세요.

01

$$x-2, \quad x-1, \quad x, \quad x+1, \quad x+2$$

• 차이가 $\boxed{1}$씩 나는 수입니다.
• 연속한 (홀수 , 짝수 , ⓞ정수) 입니다.

02

$$x, \quad x+2, \quad x+4, \quad x+6, \quad x+\boxed{}$$

• 차이가 $\boxed{}$씩 나는 수입니다.
• 연속한 (자연수 , 짝수) 입니다.

03

$$x-2, \quad x-1, \quad x, \quad x+\boxed{}, \quad x+\boxed{}$$

• 차이가 $\boxed{}$씩 나는 수입니다.
• 연속한 (홀수 , 정수) 입니다.

04

$$x, \quad x+1, \quad x+\boxed{}, \quad x+3, \quad x+\boxed{}$$

• 차이가 $\boxed{}$씩 나는 수입니다.
• 연속한 (정수 , 짝수 , 홀수) 입니다.

05

$$x-5, \quad x-3, \quad x-\boxed{}, \quad x+\boxed{}, \quad x+\boxed{}$$

• 차이가 $\boxed{}$씩 나는 수입니다.
• 연속한 (홀수 , 자연수 , 정수) 입니다.

▶ 개념 다지기 2

주어진 문장을 보고 방정식을 바르게 쓴 것에 ○표 하세요.

01 연속하는 세 홀수의 합이 39입니다.

- $(x-2)+x+(x+2)=39$ (○)

- $x+(x+2)+(x+3)=39$ (   )

02 연속하는 두 정수의 합이 13입니다.

- $x+(x+1)=13$ (   )

- $(x-1)+(x+1)=13$ (   )

03 연속하는 두 홀수의 합이 44입니다.

- $x+(x+1)=44$ (   )

- $(x-2)+x=44$ (   )

04 연속하는 세 자연수의 합이 84입니다.

- $(x-1)+x+(x+2)=84$ (   )

- $x+(x+1)+(x+2)=84$ (   )

05 연속하는 세 짝수의 합이 78입니다.

- $2x+4x+6x=78$ (   )

- $(x-3)+(x-1)+(x+1)=78$
  (   )

06 연속하는 세 홀수의 합이 123입니다.

- $(x-4)+(x-2)+x=123$ (   )

- $(x-1)+x+(x+1)=123$ (   )

▶ 정답 및 해설 57쪽

▶ 개념 마무리 1

물음에 답하세요.

01 연속한 세 짝수에 대한 방정식
$(x-4)+(x-2)+x=24$를 풀었더니
$x=10$이었다. 세 수 중 가장 작은 수는?

↓

가장 작은 수

→ $10-4=6$

답: 6

02 연속한 두 정수에 대한 방정식
$x+(x+1)=9$를 풀었더니 $x=4$였다.
두 수 중 큰 수는?

03 연속한 세 자연수에 대한 방정식
$(x-1)+x+(x+1)=21$을 풀었더니
$x=7$이었다. 세 수 중 가장 큰 수는?

04 연속한 세 홀수에 대한 방정식
$(x-3)+(x-1)+(x+1)=51$을 풀었더니 $x=18$이었다. 세 수 중 가운데 수는?

05 연속한 세 짝수에 대한 방정식
$(x-2)+x+(x+2)=42$를 풀었더니
$x=14$였다. 세 수 중 가장 작은 수는?

06 연속한 세 홀수에 대한 방정식
$x+(x+2)+(x+4)=15$를 풀었더니
$x=3$이었다. 세 수 중 가장 큰 수는?

▶ 정답 및 해설 58쪽

▶ 개념 마무리 2

물음에 답하세요.

01 연속하는 세 짝수의 합이 102일 때, 세 수 중에서 가장 작은 수는?

<u>x로 생각하면</u>
연속하는 세 짝수는
$x, x+2, x+4$

$\rightarrow x+(x+2)+(x+4)=102$

$\qquad 3x+6=102$

$\qquad 3x=96$

$\qquad x=32$

답: 32

02 연속하는 두 자연수의 합이 57일 때, 두 수 중에서 큰 수는?

03 연속하는 두 홀수의 합이 88일 때, 두 수 중에서 작은 수는?

04 연속하는 세 짝수의 합이 66일 때, 세 수 중에서 두 번째로 큰 수는?

05 연속하는 세 정수의 합이 306일 때, 세 수 중에서 가장 작은 수는?

06 연속하는 세 홀수의 합이 75일 때, 세 수 중에서 가장 큰 수는?

4 자릿수에 대한 문제

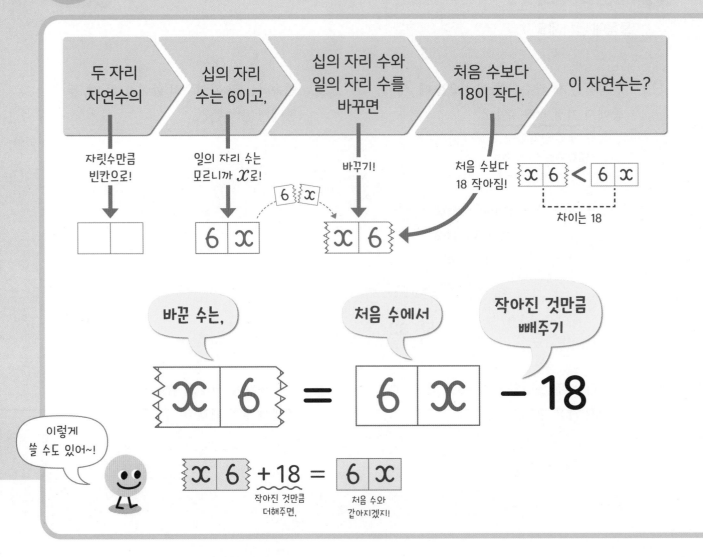

▶ 개념 익히기 1

○ 안에 + 또는 −를 알맞게 쓰세요.

01

a는 b보다 4 작다.

$\downarrow a < b$

$a = b \bigcirc\!\!\!- 4$

$a \bigcirc\!\!\!+ 4 = b$

02

x는 y보다 5만큼 크다.

$\downarrow x > y$

$x = y \bigcirc 5$

$x \bigcirc 5 = y$

03

n는 m의 2배보다 1 작다.

$\downarrow n < 2m$

$n = 2m \bigcirc 1$

$n \bigcirc 1 = 2m$

풀이

$$\boxed{x \mid 6} = \boxed{6 \mid x} - 18$$

$$10x + 6 = 60 + x - 18$$

$$9x = 36$$

$$x = 4$$

➡ 처음 수는 $\boxed{6 \mid x}$ 였으니까 64

답 64

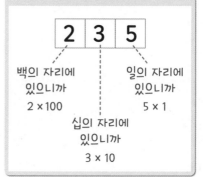

각 자리 숫자는
어느 자리에 있는지에 따라
나타내는 값이 달라~

$$\boxed{2 \mid 3 \mid 5}$$

백의 자리에
있으니까
2 × 100

십의 자리에
있으니까
3 × 10

일의 자리에
있으니까
5 × 1

십의 자리 수가 a,
일의 자리 수가 b인
두 자리 정수
➡ $\boxed{a \mid b}$ ➡ $10a + b$

▶ 개념 익히기 2

3-16

다음 두 자리 수가 나타내는 값을 식으로 쓰세요.

01

십의 자리 수 a
일의 자리 수 5

$$\boxed{a \mid 5}$$

➡ $10a + 5$

02

십의 자리 수 2
일의 자리 수 x

$$\boxed{2 \mid x}$$

➡

03

십의 자리 수 y
일의 자리 수 7

$$\boxed{y \mid 7}$$

➡

▶ 개념 다지기 1

두 자리 수 사이의 관계를 보고 크기를 비교하여 ○ 안에 >, <를 알맞게 쓰세요.

01

$\boxed{5}\ \boxed{x}$ 를 $\{x\ \ 5\}$ 로 바꾸면 처음 수보다 27만큼 **커진다.**

➡ $\boxed{5}\ \boxed{x}$ $\bigcirc\!\!<$ $\{x\ \ 5\}$

02

$\boxed{x}\ \boxed{3}$ 를 $\{3\ \ x\}$ 로 바꾸면 처음 수보다 54만큼 **작아진다.**

➡ $\boxed{x}\ \boxed{3}$ $\bigcirc$ $\{3\ \ x\}$

03

$\boxed{9}\ \boxed{x}$ 를 $\{x\ \ 9\}$ 로 바꾸면 처음 수보다 72만큼 **작아진다.**

➡ $\boxed{9}\ \boxed{x}$ $\bigcirc$ $\{x\ \ 9\}$

04

$\boxed{x}\ \boxed{8}$ 를 $\{8\ \ x\}$ 로 바꾸면 처음 수보다 9만큼 **작아진다.**

➡ $\boxed{x}\ \boxed{8}$ $\bigcirc$ $\{8\ \ x\}$

05

$\boxed{x}\ \boxed{2x}$ 를 $\{2x\ \ x\}$ 로 바꾸면 처음 수보다 18만큼 **커진다.**

➡ $\boxed{x}\ \boxed{2x}$ $\bigcirc$ $\{2x\ \ x\}$

06

$\boxed{3}\ \boxed{2x}$ 를 $\{2x\ \ 3\}$ 으로 바꾸면 처음 수보다 45만큼 **커진다.**

➡ $\boxed{3}\ \boxed{2x}$ $\bigcirc$ $\{2x\ \ 3\}$

▶ 개념 다지기 2

두 자리 수 사이의 관계를 보고 방정식으로 나타내세요.

01 $\boxed{x \mid 5} = \boxed{5 \mid x} + 27$

➡ $10x + 5 = 50 + x + 27$

02 $\boxed{x \mid 8} = \boxed{8 \mid x} + 9$

➡

03 $\boxed{1 \mid x} + 36 = \boxed{x \mid 1}$

➡

04 $\boxed{x \mid 6} = \boxed{6 \mid x} + 18$

➡

05 $\boxed{9 \mid x} - 63 = \boxed{x \mid 9}$

➡

06 $\boxed{x \mid 4} = \boxed{4 \mid x} - 27$

➡

▶ 개념 마무리 1

두 자리 수에 대한 문제를 식으로 나타내는 과정입니다. 빈칸을 알맞게 채우세요.

01

십의 자리 수가 7인 두 자리 자연수가 있다. ----▶ 처음 수: | 7 | x |

십의 자리 수와 일의 자리 수를 바꾸면 ----▶ 바꾼 수: | x | 7 |

처음 수보다 36만큼 작아진다. ----▶
처음 수 | 7 | x | $>$ 바꾼 수 | x | 7 |

➡ 등식으로 쓰기

| | | ◯ 36 = | | | 또는 | | | = | | | ◯ 36

02

일의 자리 수가 5인 두 자리 자연수가 있다. ----▶ 처음 수: | | |

십의 자리 수와 일의 자리 수를 바꾸면 ----▶ 바꾼 수: | | |

처음 수보다 18만큼 커진다. ----▶
처음 수 | | | ◯ 바꾼 수 | | |

➡ 등식으로 쓰기

| | | ◯ 18 = | | | 또는 | | | = | | | ◯ 18

03

십의 자리 수가 일의 자리 수의 4배인
두 자리 자연수가 있다. ----▶ 처음 수: | | |

십의 자리 수와 일의 자리 수를 바꾸면 ----▶ 바꾼 수: | | |

처음 수보다 60만큼 작아진다. ----▶
처음 수 | | | ◯ 바꾼 수 | | |

➡ 등식으로 쓰기

| | | ◯ 60 = | | | 또는 | | | = | | | ◯ 60

▶ 개념 마무리 2

물음에 답하세요.

01 일의 자리 수가 십의 자리 수의 2배인 두 자리 자연수가 있습니다. 십의 자리와 일의 자리 수를 바꾸면 처음 수보다 18만큼 커질 때, **처음 수**를 구하세요.

처음 수: $\boxed{x \mid 2x}$

바꾼 수: $\boxed{2x \mid x}$ ⟶ 18 커짐

$$\rightarrow 10x+2x+18 = 20x+x$$
$$12x+18 = 21x$$
$$18 = 9x$$
$$x = 2$$

답: 24

02 십의 자리 수가 1인 두 자리 자연수가 있습니다. 십의 자리와 일의 자리 수를 바꾸면 처음 수보다 63만큼 커질 때, **처음 수**를 구하세요.

03 십의 자리 수가 9인 두 자리 자연수가 있습니다. 십의 자리와 일의 자리 수를 바꾸면 처음 수보다 36만큼 작아질 때, **바꾼 수**를 구하세요.

04 일의 자리 수가 3인 두 자리 자연수가 있습니다. 십의 자리와 일의 자리 수를 바꾸면 처음 수보다 45만큼 작아질 때, **처음 수**를 구하세요.

05 일의 자리 수가 십의 자리 수의 2배인 두 자리 자연수가 있습니다. 십의 자리와 일의 자리 수를 바꾸면 처음 수보다 27만큼 커질 때, **바꾼 수**를 구하세요.

06 십의 자리 수가 일의 자리 수의 3배인 두 자리 자연수가 있습니다. 일의 자리와 십의 자리 수를 바꾸면 처음 수보다 36만큼 작아질 때, **바꾼 수**를 구하세요.

5 나이에 대한 문제

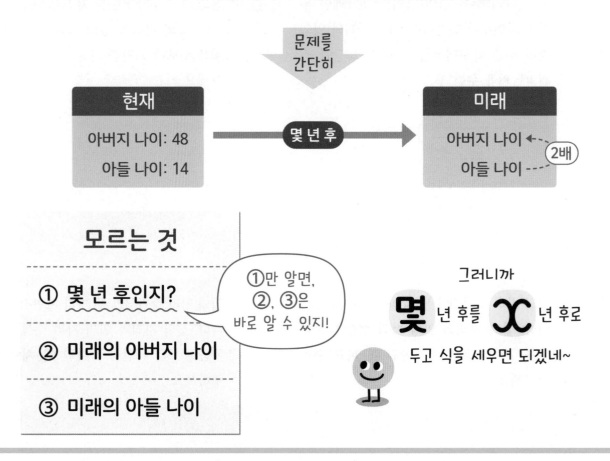

문제▶ 현재 아버지의 나이는 48세이고, 아들의 나이는 14세입니다.
아버지의 나이가 아들 나이의 2배가 되는 것은 몇 년 후일까요?

문제를
간단히

현재		미래
아버지 나이: 48	몇 년 후 →	아버지 나이 ← 2배
아들 나이: 14		아들 나이 ---

모르는 것

① **몇 년 후인지?**

② 미래의 아버지 나이

③ 미래의 아들 나이

①만 알면,
②, ③은
바로 알 수 있지!

그러니까

몇 년 후를 **x** 년 후로

두고 식을 세우면 되겠네~

▶ 개념 익히기 1

문제를 읽고 바로 알 수 있는 것에는 답을 쓰고, 알 수 없는 것에는 ×표 하세요.

01

현재 아버지의 나이는 51세,
아들의 나이는 15세입니다.
몇 년 후 아버지의 나이는
아들의 나이의 2배가
됩니다.

현재 아들의 나이 　　(**15세**)

몇 년 후 아버지의 나이
　　　　　　　　(**×**)

02

올해 이모의 나이는 38세,
내 나이는 12세입니다.
몇 년 후 이모의 나이는
내 나이의 3배가 됩니다.

몇 년 후 내 나이 　(　)

올해 이모의 나이 　(　)

03

현재 엄마의 나이는
소미의 나이의 8배입니다.
4년 후 엄마의 나이는
소미의 나이의 6배가
됩니다.

현재 엄마의 나이는 소미의
나이의 몇 배 　　(　)

8년 후 엄마의 나이는 소미의
나이의 몇 배 　　(　)

▶ 정답 및 해설 62쪽

| 현재 | — x년 후 → | 미래 |

아버지 나이: 48   아버지 나이: $(48+x)$

아들 나이: 14   아들 나이: $(14+x)$ (2배)

여기서 만들 수 있는 **등식**은~

$$\left(\begin{array}{c}\text{미래의}\\ \text{아들 나이}\end{array}\right) \times 2 = \left(\begin{array}{c}\text{미래의}\\ \text{아버지 나이}\end{array}\right)$$

풀이

$$(14+x) \times 2 = 48+x$$
$$28+2x = 48+x$$
$$x = 20$$

답 20년 후

개념 익히기 2

빈칸을 알맞게 채우세요.

01

현재   — x년 후 →   미래

48세 $(48 \oplus \boxed{x})$세

02

현재   — x년 후 →   미래

15세 $(15 \bigcirc \Box)$세

03

과거 ← x년 전 — 현재

$(20 \bigcirc \Box)$세   20세

▶ 정답 및 해설 62쪽

▶ 개념 다지기 1

문제를 간단히 나타내려고 합니다. 빈칸을 알맞게 채우세요.

01 현재 민호의 나이는 14세, 아버지의 나이는 42세입니다. 아버지의 나이가 민호의 나이의 2배가 되는 것은 몇 년 후일까요?

02 현재 어머니의 나이는 50세, 형의 나이는 17세입니다. 형의 나이의 2배가 어머니의 나이가 되는 것은 몇 년 후일까요?

03 현재 연수의 나이는 10세, 이모의 나이는 38세입니다. 연수의 나이의 5배가 이모의 나이였을 때는 몇 년 전이었을까요?

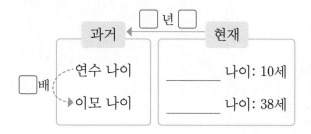

04 현재 할머니의 나이는 지은이의 나이의 7배입니다. 9년 후 할머니의 나이가 지은이의 나이의 4배일 때, 현재 지은이의 나이는 몇 세일까요?

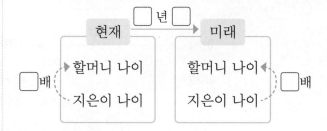

▶ 개념 다지기 2

빈칸에 x에 대한 식을 알맞게 쓰세요.

01

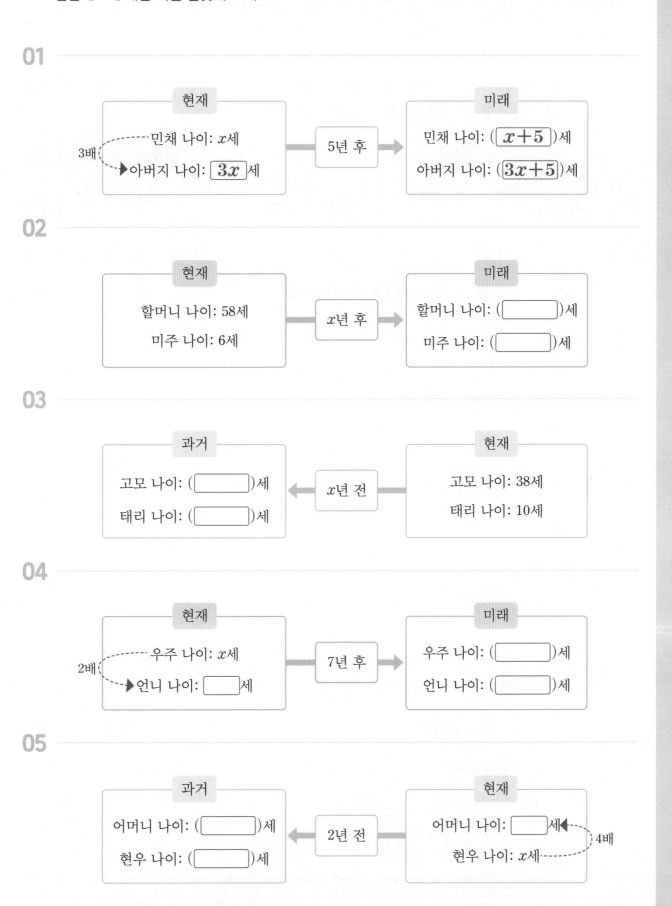

현재		미래
민채 나이: x세	5년 후	민채 나이: ($x+5$)세
3배 ▶ 아버지 나이: $3x$세		아버지 나이: ($3x+5$)세

02

현재		미래
할머니 나이: 58세	x년 후	할머니 나이: (　　　)세
미주 나이: 6세		미주 나이: (　　　)세

03

과거		현재
고모 나이: (　　　)세	x년 전	고모 나이: 38세
태리 나이: (　　　)세		태리 나이: 10세

04

현재		미래
우주 나이: x세	7년 후	우주 나이: (　　　)세
2배 ▶ 언니 나이: 　세		언니 나이: (　　　)세

05

과거		현재
어머니 나이: (　　　)세	2년 전	어머니 나이: 　세 ◀
현우 나이: (　　　)세		현우 나이: x세 ⌐ 4배

▶ 개념 마무리 1

문제를 간단히 나타낸 것입니다. 빈칸을 알맞게 채우고, 식을 세워 답을 구하세요.

01

올해 혜지의 어머니의 나이는 혜지 나이의 6배입니다. 4년 후 어머니의 나이가 혜지의 나이의 4배가 된다고 할 때, 올해 혜지의 나이는 몇 세일까요?

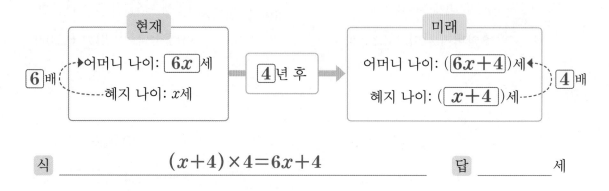

식 _____ $(x+4) \times 4 = 6x+4$ _____   답 _____ 세

02

현재 장우의 나이는 11세이고, 삼촌의 나이는 42세입니다. 삼촌의 나이가 장우의 나이의 2배가 되는 것은 몇 년 후일까요?

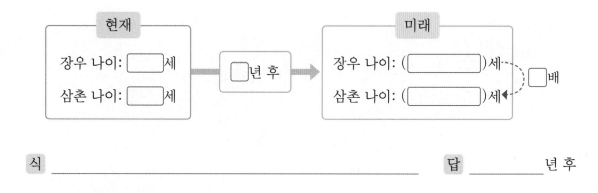

식 _____   답 _____ 년 후

03

현재 수현이의 나이는 15세이고, 이모의 나이는 35세입니다. 이모의 나이가 수현이의 나이의 3배였던 때는 몇 년 전이었을까요?

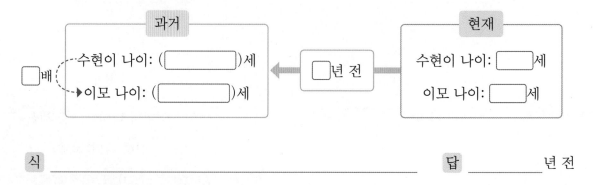

식 _____   답 _____ 년 전

▶ 정답 및 해설 63~64쪽

▶ 개념 마무리 2

물음에 답하세요.

01 올해 아버지의 나이는 정수의 나이의 4배입니다. 6년 후 아버지의 나이가 정수의 나이의 3배가 된다고 할 때, 올해 정수의 나이는 몇 세일까요?

〈현재〉 〈미래〉

4배 ⌒ 정수 x세 →6년 후→ 정수 $(x+6)$세 ⌝ 3배
　 ⌄ 아버지 $4x$세 　　　 아버지 $(4x+6)$세 ⌟

$$(x+6) \times 3 = 4x+6$$
$$3x+18 = 4x+6$$
$$x = 12$$

답: 12세

02 현재 지현이의 나이는 15세이고, 어머니의 나이는 50세입니다. 어머니의 나이가 지현이의 나이의 2배가 되는 것은 몇 년 후일까요?

03 올해 서후의 나이는 18세이고, 아버지의 나이는 50세입니다. 아버지의 나이가 서후의 나이의 3배였던 때는 몇 년 전이었을까요?

04 현재 어머니의 나이는 성준이의 나이의 12배입니다. 8년 후 어머니의 나이가 성준이의 나이의 4배가 된다고 할 때, 현재 성준이의 나이는 몇 세일까요?

05 2024년에 할머니의 나이는 63세, 예진이의 나이는 3세입니다. 할머니의 나이가 예진이의 나이의 5배가 되는 것은 몇 년 후일까요?

06 올해 선생님의 나이는 정원이의 나이의 3배입니다. 10년 후 선생님의 나이가 정원이의 나이의 2배가 된다고 할 때, 올해 선생님의 나이는 몇 세일까요?

단원 마무리

3-27

01 다음 문장을 식으로 나타내시오.

> 어떤 자연수 x보다 7 큰 수의 8배

02 x를 가운데 수로 하여 연속하는 세 홀수를 x를 사용한 식으로 쓰시오.

03 문장에서 밑줄 친 부분을 나타낸 것 중 옳지 않은 것은?

> 어떤 수 x의 2배에 5를 더한 값은
> ①   ②
> 어떤 수보다 3 작은 수의 3배와 같다.
> ③   ④   ⑤

① $\times 2$ ② $+5$ ③ >3
④ $\times 3$ ⑤ $=$

04 a는 b보다 9 작은 수일 때, 빈칸을 알맞게 채우시오.

➡ $\square = \square - 9$ 또는 $\square + 9 = \square$

05 십의 자리 수가 x, 일의 자리 수가 y인 두 자리 수가 나타내는 값을 식으로 쓰시오.

06 연속하는 세 자연수를 x를 사용하여 나타낸 식으로 옳은 것을 모두 찾아 기호를 쓰시오.

> ㉠ x, $x+1$, $x+2$
> ㉡ x, $2x$, $3x$
> ㉢ $x-1$, x, $x+1$

07 문장을 식으로 나타낸 것을 보고, 괄호가 필요한 부분에 괄호를 쓰시오.

> 어떤 수 x보다 11 작은 수의 9배는 54와 같다.

➡ $x - 11 \times 9 = 54$

08 현재 미소의 나이는 12세, 고모의 나이는 36세입니다. 다음 중 옳지 <u>않은</u> 것은?

① 3년 후 미소의 나이는 15세입니다.
② 3년 후 고모의 나이는 39세입니다.
③ 현재 미소의 나이는 고모의 나이의 3배입니다.
④ x년 후 고모의 나이는 $(36+x)$세입니다.
⑤ x년 전 미소의 나이는 $(12-x)$세입니다.

09 연속한 세 짝수에 대한 방정식
$(x-1)+(x+1)+(x+3)=66$을 풀었더니 $x=21$이었습니다. 세 수를 쓰시오.

10 다음 문제를 간단히 나타낸 것입니다. 빈칸에 들어갈 것으로 옳은 것은?

> 현재 어머니의 나이는 49세이고, 언니의 나이는 17세입니다. x년 후 어머니의 나이가 언니의 나이의 2배가 됩니다.

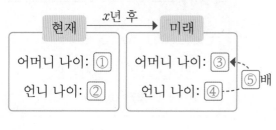

① 17   ② 49   ③ $49x$
④ $17+x$ ⑤ $2x$

11 다음 문장을 x를 사용한 식으로 바르게 나타낸 것은?

> 어떤 수의 4배에서 2를 뺀 값은 어떤 수보다 3 큰 수의 2배와 같다.

① $4x-2=x+3\times 2$
② $2x=2(x+3)$
③ $4x+2=2(x-3)$
④ $4(x-2)=3x+2$
⑤ $4x-2=2(x+3)$

12 두 자리 수 사이의 관계를 보고 보기에서 옳은 것을 모두 찾아 기호를 쓰시오.

> $\boxed{x}\;\boxed{1}$ 를 $\left\{\boxed{1}\;\boxed{x}\right\}$ 로 바꾸면 처음 수보다 27만큼 작아집니다.

◀ 보기 ▶

㉠ $\boxed{x}\;\boxed{1}\;<\;\left\{\boxed{1}\;\boxed{x}\right\}$

㉡ $\boxed{x}\;\boxed{1}\;-27=\left\{\boxed{1}\;\boxed{x}\right\}$

㉢ $10x+1-27=10+x$

13 연속하는 세 자연수의 합이 42일 때, 세 자연수 중에서 가장 큰 수를 구하시오.

14 두 자리 수 사이의 관계를 보고 x의 값을 구하시오.

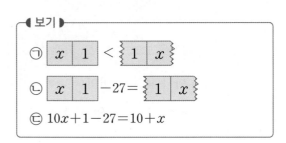

15 다음 중 문장을 등식으로 바르게 나타낸 것은?

① 가로가 x cm, 세로가 10 cm인 직사각형의 둘레의 길이는 48 cm이다.
➡ $x+10=48$

② 한 개에 x원인 지우개 4개와 한 자루에 900원인 연필 3자루의 가격은 5000원이다.
➡ $4x+900=5000$

③ 어떤 수 x의 3배에 6을 더한 값은 x의 8배와 같다.
➡ $3(x+6)=8x$

④ 두 과목의 점수가 각각 90점, x점일 때, 평균 점수는 84점이다.
➡ $(90+x)\div2=84$

⑤ 일의 자리 수가 2이고, 십의 자리 수가 x인 두 자리 수에서 십의 자리와 일의 자리 수를 바꾸면 처음 수보다 9만큼 작아진다.
➡ $10x+2=20+x-9$

16 다음은 주어진 문제에 대해 나눈 대화입니다. 잘못 말한 사람의 이름을 쓰고, 틀린 부분을 바르게 고치시오.

> 일의 자리 수가 6인 두 자리 수는 각 자리 수의 합의 4배와 같습니다.

> **승수**: 십의 자리 수를 x라고 하면, 두 자리 수를 $10x+6$으로 나타낼 수 있어.
> **연우**: 각 자리 수의 합은 $x+6$이지!
> **지후**: 문제를 등식으로 나타내면 $10x+6=x+6$이 되겠네.

17 2020년에 서영이의 나이는 10세이고, 아버지의 나이는 45세입니다. 아버지의 나이가 서영이의 나이의 3배보다 1살이 많아지는 것은 몇 년 후인지 구하시오.

18 십의 자리 수가 5인 두 자리 자연수가 있습니다. 십의 자리와 일의 자리 수를 바꾸면 처음 수보다 27만큼 커집니다. 바꾼 수를 구하시오.

19 다음을 보고 빈칸에 들어갈 식을 알맞게 쓴 것은?

> 현재 건우의 아버지의 나이는 건우의 나이의 5배입니다. 건우의 나이를 x세라고 하면, 현재 아버지의 나이는 (①)세입니다. 6년 후 건우의 나이는 (②)세, 아버지의 나이는 (③)세이고, 아버지의 나이가 건우의 나이의 3배가 된다면 방정식은 ③＝(②)×④입니다.
> 따라서, 현재 건우의 나이는 ⑤세입니다.

① $x+5$　　　　② $6x$
③ $x+11$　　　　④ $3x$
⑤ 6

20 십의 자리 수가 일의 자리 수보다 3만큼 큰 두 자리 수가 있습니다. 십의 자리 수와 일의 자리 수를 바꾼 수의 2배보다 2만큼 큰 수는 처음 수와 같습니다. 처음 수를 구하시오.

서술형 문제

21 어떤 수 x의 3배에서 2를 뺀 값은 x의 7배에서 14를 뺀 값과 같을 때, 어떤 수를 구하시오.

— 풀이 —

서술형 문제

22 현재 보민이의 나이는 7세입니다. 7년 후 아버지의 나이는 보민이의 나이의 3배일 때, 물음에 답하시오.

(1) 현재 아버지의 나이를 구하시오.

(2) 아버지의 나이가 보민이의 나이의 2배가 되는 때는 몇 년 후인지 구하시오.

서술형 문제

23 연속한 세 자연수에서 가운데 수의 5배는 나머지 두 수의 합의 2배보다 39만큼 더 크다고 할 때, 세 자연수 중 가장 작은 수를 구하시오.

— 풀이 —

가로세로 낱말풀이

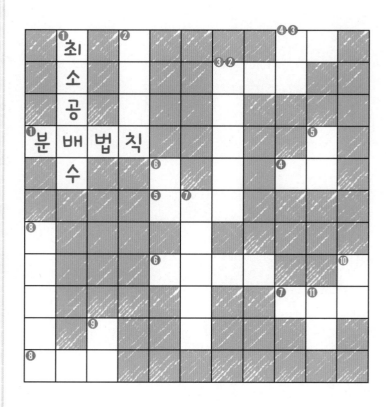

▶ 정답은 71쪽

가로 풀이

❶ 다음과 같은 계산법칙

➡ $a(b+c) = ab+ac$

$(a+b)c = ac+bc$

❷ 차수가 1인 다항식

❸ '같다'를 의미하는 기호로, 나란한 선 두 개로 만든 모양

❹ 등식에서 등호의 왼편

❺ 미지수에 어떤 값을 대입해도 항상 참이 되는 등식

❻ 자연수에서 오른쪽에서부터 두 번째 숫자가 놓인 자리로, 이 자리의 1은 10을 의미

❼ 1, 2, 3, 4, …와 같은 수

❽ x에 대한 방정식에서 x를 부르는 말

세로 풀이

❶ 공배수 중에서 가장 작은 공배수

❷ 다음과 같은 계산법칙

➡ $a \times b = b \times a$

❸ 우변의 모든 항을 좌변으로 이항하여 정리할 때, (x에 대한 일차식) = 0의 꼴이 되는 방정식

❹ 등호가 있는 식

❺ 등식에서 등호의 오른편

❻ 한 변에 있는 항을 부호를 바꾸어 다른 변으로 옮기는 것

❼ 다음의 네 가지 성질을 통틀어 이르는 말

(1) 등식의 양변에 같은 수를 더해도 등식은 성립한다.

(2) 등식의 양변에서 같은 수를 빼도 등식은 성립한다.

(3) 등식의 양변에 같은 수를 곱해도 등식은 성립한다.

(4) 등식의 양변을 0이 아닌 같은 수로 나누어도 등식은 성립한다.

❽ 일차방정식의 해법인 이항법을 최초로 소개한 수학자(힌트: 97쪽)

❾ 곱해서 1이 되는 두 수에서 한 수를 다른 수의 ○○라고 함

❿ 거듭제곱에서 오른쪽 위에 작게 쓴 수로, 반복해서 곱해진 횟수를 나타내는 말

⓫ 끊어지지 않고 이어지는 상태

(예) 6, 7, 8: ○○한 세 자연수

MEMO

중등수학

개념으로 한번에
내신 대비까지!

일차
방정식

활용도
개념부터!

개념이 먼저다

정답 및 해설 1

교육 R&D에 앞서가는

정답 및 해설

1 방정식 ·················· 2쪽

2 일차방정식 ·················· 21쪽

3 일차방정식의 활용 ·················· 52쪽

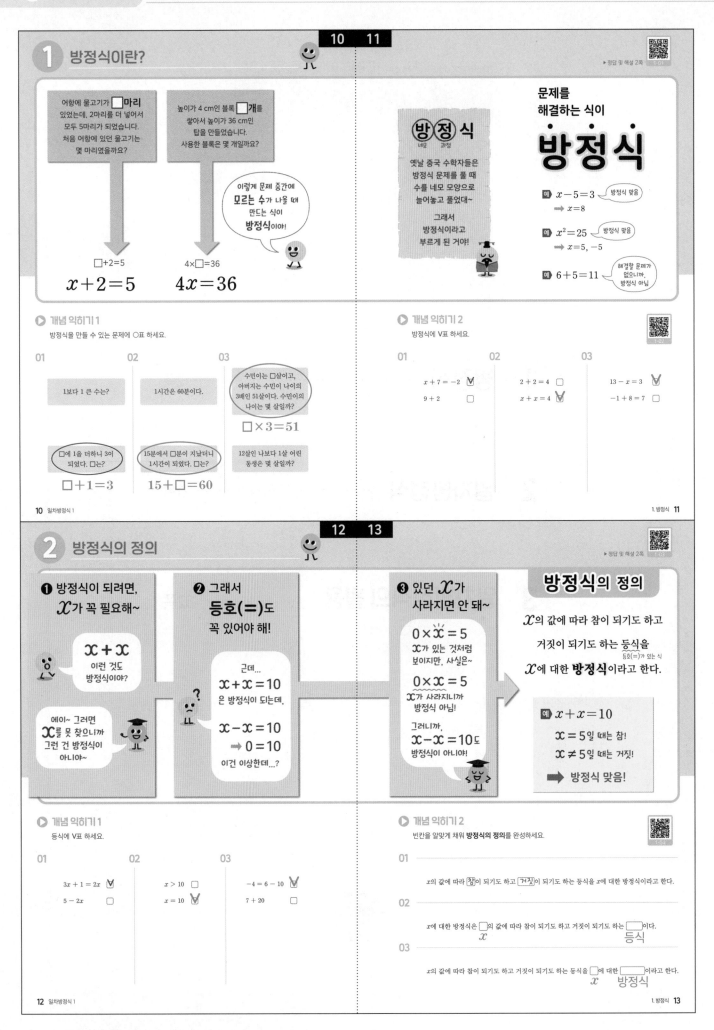

▶ 정답 및 해설 3쪽

▶ 개념 다지기 1

다음 등식이 성립하면 '참', 성립하지 않으면 '거짓'이라고 쓰세요.

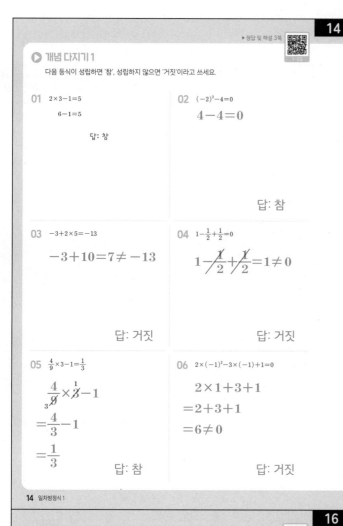

01　$2 \times 3 - 1 = 5$

　　$6 - 1 = 5$

　　　　답: 참

02　$(-2)^2 - 4 = 0$

　　$4 - 4 = 0$

　　　　답: 참

03　$-3 + 2 \times 5 = -13$

　　$-3 + 10 = 7 \neq -13$

　　　　답: 거짓

04　$1 - \frac{1}{2} + \frac{1}{2} = 0$

　　$1 - \frac{1}{2} + \frac{1}{2} = 1 \neq 0$

　　　　답: 거짓

05　$\frac{4}{9} \times 3 - 1 = \frac{1}{3}$

　　$\frac{4}{\underset{3}{\cancel{9}}} \times \overset{1}{\cancel{3}} - 1$

　　$= \frac{4}{3} - 1$

　　$= \frac{1}{3}$

　　　　답: 참

06　$2 \times (-1)^2 - 3 \times (-1) + 1 = 0$

　　$2 \times 1 + 3 + 1$

　　$= 2 + 3 + 1$

　　$= 6 \neq 0$

　　　　답: 거짓

▶ 정답 및 해설 3쪽

▶ 개념 다지기 2

주어진 식과 관련된 설명을 찾아 선으로 이으세요.

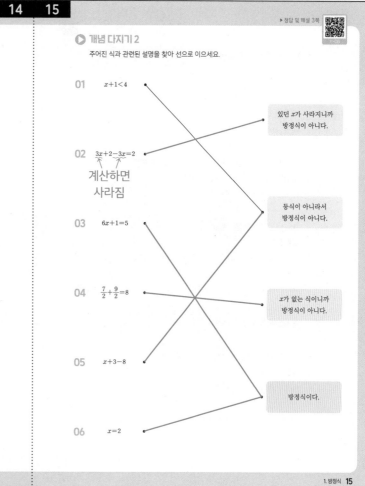

01　$x + 1 < 4$

02　$3x + 2 - 3x = 2$　　계산하면 사라짐

03　$6x + 1 = 5$

04　$\frac{7}{2} + \frac{9}{2} = 8$

05　$x + 3 - 8$

06　$x = 2$

있던 x가 사라지니까 방정식이 아니다.

등식이 아니라서 방정식이 아니다.

x가 없는 식이니까 방정식이 아니다.

방정식이다.

▶ 정답 및 해설 3쪽

▶ 개념 마무리 1

방정식에 x의 값을 각각 대입하여 등식이 참이 되는지 거짓이 되는지 쓰세요.

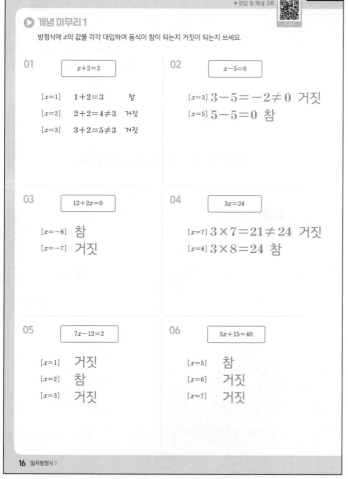

01　$x + 2 = 3$

$[x=1]$　$1 + 2 = 3$　참
$[x=2]$　$2 + 2 = 4 \neq 3$　거짓
$[x=3]$　$3 + 2 = 5 \neq 3$　거짓

02　$x - 5 = 0$

$[x=3]$ $3 - 5 = -2 \neq 0$ 거짓
$[x=5]$ $5 - 5 = 0$ 참

03　$12 + 2x = 0$

$[x=-6]$　참
$[x=-7]$　거짓

04　$3x = 24$

$[x=7]$ $3 \times 7 = 21 \neq 24$ 거짓
$[x=8]$ $3 \times 8 = 24$ 참

05　$7x - 12 = 2$

$[x=1]$　거짓
$[x=2]$　참
$[x=3]$　거짓

06　$5x + 15 = 40$

$[x=5]$　참
$[x=6]$　거짓
$[x=7]$　거짓

보기 16쪽 풀이

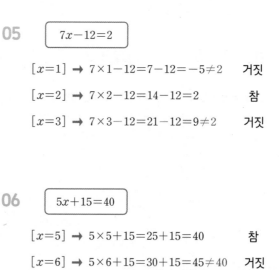

03　$12 + 2x = 0$

$[x=-6] \rightarrow 12 + 2 \times (-6) = 12 - 12 = 0$　　참

$[x=-7] \rightarrow 12 + 2 \times (-7) = 12 - 14 = -2 \neq 0$　　거짓

05　$7x - 12 = 2$

$[x=1] \rightarrow 7 \times 1 - 12 = 7 - 12 = -5 \neq 2$　　거짓

$[x=2] \rightarrow 7 \times 2 - 12 = 14 - 12 = 2$　　참

$[x=3] \rightarrow 7 \times 3 - 12 = 21 - 12 = 9 \neq 2$　　거짓

06　$5x + 15 = 40$

$[x=5] \rightarrow 5 \times 5 + 15 = 25 + 15 = 40$　　참

$[x=6] \rightarrow 5 \times 6 + 15 = 30 + 15 = 45 \neq 40$　　거짓

$[x=7] \rightarrow 5 \times 7 + 15 = 35 + 15 = 50 \neq 40$　　거짓

17

▶ 정답 및 해설 4쪽

▶ 개념 마무리 2

문장을 식으로 나타내고, 식이 방정식인지 아닌지 판단해 보세요.

01

어떤 수 x에 3을 더한 값은 / 11과 같다.

➡ $\boxed{x+3}=11$

➡ 방정식이 (맞다 , 아니다).

02

한 변의 길이가 x cm인 정삼각형의 둘레의 길이는 / 12 cm이다.

➡ $\boxed{x \times 3}=12$ 또는 $3x=12$

➡ 방정식이 (맞다 , 아니다).

03

13보다 4 큰 수는 / 18보다 작다.

➡ $\boxed{13+4}<18$

➡ 방정식이 (맞다 , 아니다).   이유: x가 없고 등식이 아님

04

비커 40개를 한 모둠에 x개씩 남김없이 나누어 주었더니 / 8모둠에 줄 수 있었다.

➡ $\boxed{40 \div x}=8$ 또는 $\dfrac{40}{x}=8$

➡ 방정식이 (맞다 , 아니다).

05

엄마의 나이는 14살인 예지보다 3배 많은 / 42살이다.

➡ $\boxed{14 \times 3}=42$

➡ 방정식이 (맞다 , 아니다).   이유: x가 없음

06

사다리꼴의 아랫변이 x cm이고 윗변과 높이는 각각 10 cm일 때, 넓이는 / 75 cm²이다.

➡ $\boxed{(x+10) \times 10 \div 2}=75$ 또는 $5(x+10)=75$

➡ 방정식이 (맞다 , 아니다).

---

18   19

3 미지수와 해

▶ 정답 및 해설 4쪽

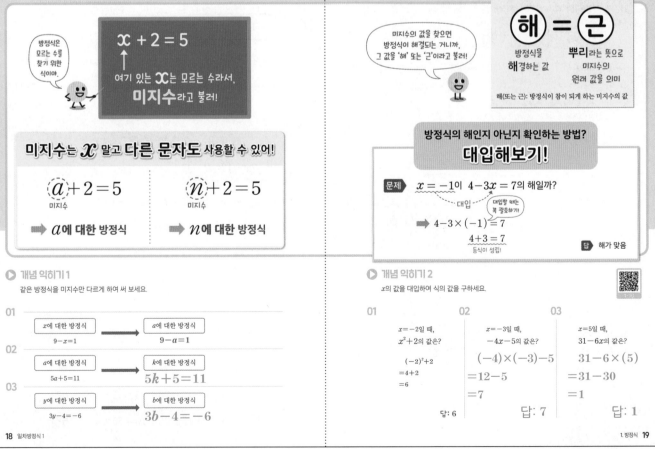

▶ 개념 익히기 1

같은 방정식을 미지수만 다르게 하여 써 보세요.

01

x에 대한 방정식 → a에 대한 방정식
$9-x=1$ $9-a=1$

02

a에 대한 방정식 → k에 대한 방정식
$5a+5=11$ $5k+5=11$

03

y에 대한 방정식 → b에 대한 방정식
$3y-4=-6$ $3b-4=-6$

▶ 개념 익히기 2

x의 값을 대입하여 식의 값을 구하세요.

01

$x=-2$일 때, x^2+2의 값은?

$(-2)^2+2$
$=4+2$
$=6$

답: 6

02

$x=-3$일 때, $-4x-5$의 값은?

$(-4) \times (-3)-5$
$=12-5$
$=7$

답: 7

03

$x=5$일 때, $31-6x$의 값은?

$31-6 \times (5)$
$=31-30$
$=1$

답: 1

02 $\boxed{-2x+3=5}$

- $x=-1$ 대입 → $(-2) \times (-1) +3$
$$= 2+3$$
$$= 5$$

→ 방정식의 해가 맞음

- $x=2$ 대입 → $(-2) \times (2) +3$
$$= -4+3$$
$$= -1 \neq 5$$

→ 방정식의 해가 아님

03 $\boxed{7-x=8}$

- $x=2$ 대입 → $7-(2)=5 \neq 8$

→ 방정식의 해가 아님

- $x=-1$ 대입 → $7-(-1)$
$$= 7+1$$
$$= 8$$

→ 방정식의 해가 맞음

04 $\boxed{x^2=4}$

- $x=2$ 대입 → $(2)^2=4$

→ 방정식의 해가 맞음

- $x=-2$ 대입 → $(-2)^2=4$

→ 방정식의 해가 맞음

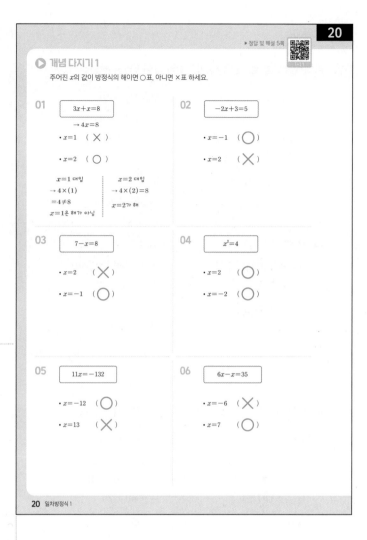

05 $\boxed{11x=-132}$

- $x=-12$ 대입 → $11 \times (-12) = -132$

→ 방정식의 해가 맞음

- $x=13$ 대입 → $11 \times (13) = 143 \neq -132$

→ 방정식의 해가 아님

06 $\boxed{6x-x=35}$ → $5x=35$

- $x=-6$ 대입 → $5 \times (-6) = -30 \neq 35$

→ 방정식의 해가 아님

- $x=7$ 대입 → $5 \times (7) = 35$

→ 방정식의 해가 맞음

21쪽 풀이

05 방정식 ㉢, ㉣, ㉤, ㉥에서 미지수의 값이 3인지 확인하기

㉢ $a+a=0$
$2a=0$
→ $a=3$을 대입하면,
$2\times(3)=6\neq0$
➡ 3은 해가 아님

㉣ $20a-40=20$
→ $a=3$을 대입하면,
$20\times(3)-40$
$=60-40$
$=20$
➡ 3은 해가 맞음

㉤ $x=3$
→ $x=3$을 대입하면,
$(3)=3$
➡ 3은 해가 맞음

㉥ $3x=0$
→ $x=3$을 대입하면,
$3\times(3)=9\neq0$
➡ 3은 해가 아님

답 ㉣, ㉤

06 방정식 ㉢, ㉣, ㉤, ㉥에서 미지수의 값이 0인지 확인하기

㉢ $a+a=0$
$2a=0$
→ $a=0$을 대입하면,
$2\times(0)=0$
➡ 0은 해가 맞음

㉣ $20a-40=20$
→ $a=0$을 대입하면,
$20\times(0)-40$
$=-40\neq20$
➡ 0은 해가 아님

㉤ $x=3$
→ $x=0$을 대입하면,
$(0)\neq3$
➡ 0은 해가 아님

㉥ $3x=0$
→ $x=0$을 대입하면,
$3\times(0)=0$
➡ 0은 해가 맞음

답 ㉢, ㉥

22쪽 풀이

01 $x-5=3$

• $x=7$ 대입 → $(7)-5=2\neq3$
➡ 방정식의 해가 아님

• $x=8$ 대입 → $(8)-5=3$
➡ 방정식의 해가 맞음

• $x=9$ 대입 → $(9)-5=4\neq3$
➡ 방정식의 해가 아님

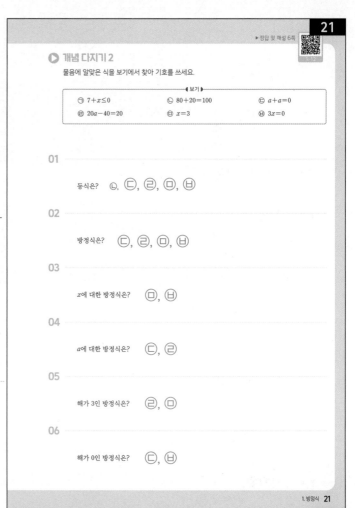

개념 다지기 2
물음에 알맞은 식을 보기에서 찾아 기호를 쓰세요.

보기
㉠ $7+x\leq0$ ㉡ $80+20=100$ ㉢ $a+a=0$
㉣ $20a-40=20$ ㉤ $x=3$ ㉥ $3x=0$

01 등식은? ㉡, ㉢, ㉣, ㉤, ㉥

02 방정식은? ㉢, ㉣, ㉤, ㉥

03 x에 대한 방정식은? ㉤, ㉥

04 a에 대한 방정식은? ㉢, ㉣

05 해가 3인 방정식은? ㉣, ㉤

06 해가 0인 방정식은? ㉢, ㉥

개념 마무리 1
문장을 방정식으로 나타내고, 근을 찾아 ○표 하세요.

01 어떤 수 x에서 5를 뺀 값은 / 3과 같다.
➡ $\boxed{x-5}=3$
➡ 근은 (7 , ⑧ , 9)이다.

02 한 변의 길이가 a cm인 정사각형의 둘레의 길이는 / 24 cm이다.
➡ $\boxed{a\times4}=24$ (또는 $4a=24$)
➡ 근은 (3 , 4 , ⑥)이다.

03 기름종이 y장을 5모둠에 똑같이 나누어 주었더니 / 한 모둠이 12장씩 받았다.
➡ $\boxed{y\div5}=12$ (또는 $\dfrac{y}{5}=12$)
➡ 근은 (55 , ⑥⓪ , 65)이다.

04 밑변의 길이가 10 cm, 높이가 b cm인 삼각형의 넓이는 / 75 cm²이다.
➡ $\boxed{10\times b\div2}=75$ (또는 $5b=75$)
➡ 근은 (10 , ⑮ , 20)이다.

05 노트 1권의 가격이 1500원, 지우개 1개의 가격이 500원일 때, 노트 3권과 지우개 c개의 가격은 / 6500원이다.
$\boxed{1500\times3+500\times c}=6500$ (또는 $4500+500c=6500$)
➡ 근은 (④ , 5 , 6)이다.

02

$$a \times 4 = 24$$

- $a=3$ 대입 → $(3) \times 4 = 12 \neq 24$

  ➔ 방정식의 해가 아님

- $a=4$ 대입 → $(4) \times 4 = 16 \neq 24$

  ➔ 방정식의 해가 아님

- $a=6$ 대입 → $(6) \times 4 = 24$

  ➔ 방정식의 해가 맞음

03

$$y \div 5 = 12$$

- $y=55$ 대입 → $(55) \div 5 = 11 \neq 12$

  ➔ 방정식의 해가 아님

- $y=60$ 대입 → $(60) \div 5 = 12$

  ➔ 방정식의 해가 맞음

- $y=65$ 대입 → $(65) \div 5 = 13 \neq 12$

  ➔ 방정식의 해가 아님

04

$$10 \times b \div 2 = 75 \quad \rightarrow \quad 5b = 75$$

- $b=10$ 대입 → $5 \times (10) = 50 \neq 75$

  ➔ 방정식의 해가 아님

- $b=15$ 대입 → $5 \times (15) = 75$

  ➔ 방정식의 해가 맞음

- $b=20$ 대입 → $5 \times (20) = 100 \neq 75$

  ➔ 방정식의 해가 아님

05

$$1500 \times 3 + 500 \times c = 6500 \quad \rightarrow \quad 4500 + 500c = 6500$$

- $c=4$ 대입 → $4500 + 500 \times (4)$

  $= 4500 + 2000$

  $= 6500$

  ➔ 방정식의 해가 맞음

- $c=5$ 대입 → $4500 + 500 \times (5)$

  $= 4500 + 2500$

  $= 7000 \neq 6500$

  ➔ 방정식의 해가 아님

- $c=6$ 대입 → $4500 + 500 \times (6)$

  $= 4500 + 3000$

  $= 7500 \neq 6500$

  ➔ 방정식의 해가 아님

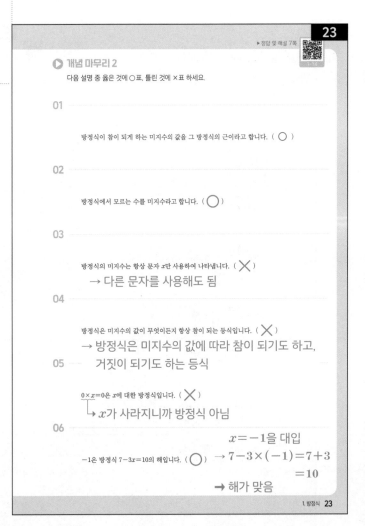

23

▶ 정답 및 해설 7쪽

개념 마무리 2

다음 설명 중 옳은 것에 ○표, 틀린 것에 ×표 하세요.

01

방정식이 참이 되게 하는 미지수의 값을 그 방정식의 근이라고 합니다. (○)

02

방정식에서 모르는 수를 미지수라고 합니다. (○)

03

방정식의 미지수는 항상 문자 x만 사용하여 나타냅니다. (×)

→ 다른 문자를 사용해도 됨

04

방정식은 미지수의 값이 무엇이든지 항상 참이 되는 등식입니다. (×)

→ 방정식은 미지수의 값에 따라 참이 되기도 하고, 거짓이 되기도 하는 등식

05

$0 \times x = 0$은 x에 대한 방정식입니다. (×)

→ x가 사라지니까 방정식 아님

06

-1은 방정식 $7 - 3x = 10$의 해입니다. (○)

$x = -1$을 대입

→ $7 - 3 \times (-1) = 7 + 3$

$= 10$

→ 해가 맞음

1. 방정식 **23**

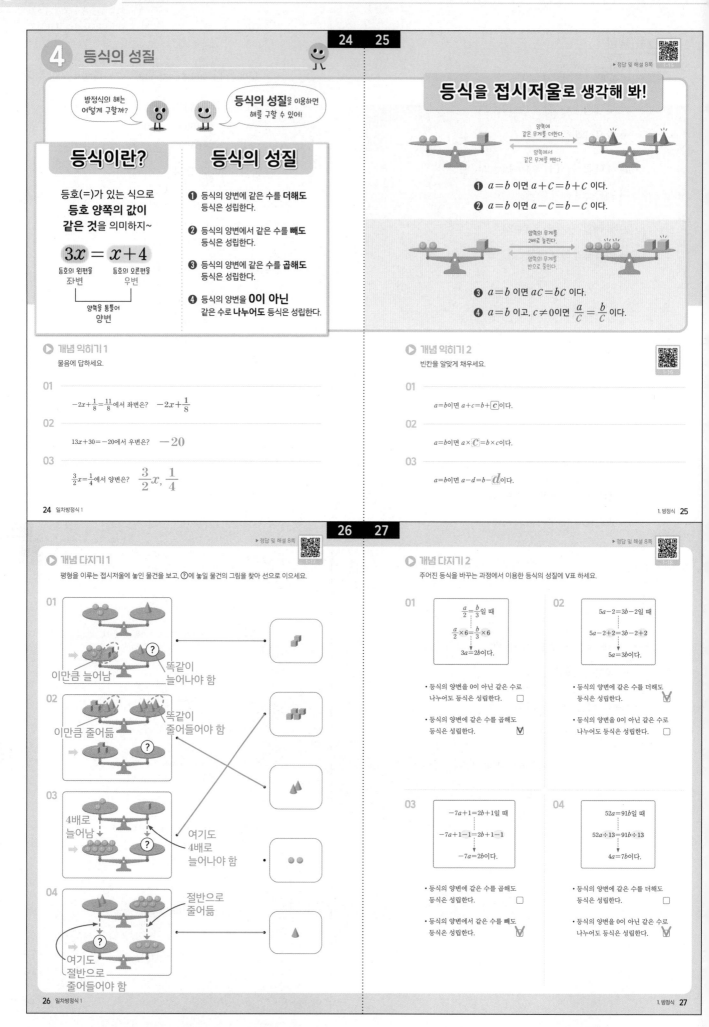

▶정답 및 해설 9쪽

▶ 개념 마무리 1

등식의 성질을 이용하여 식을 바꾸었습니다. 빈칸을 알맞게 채우세요.

01
$$3a-2=3b-2 \longrightarrow 3a=3b$$
└─ 양변에 $\boxed{2}$를 더했습니다.
└─ 양변에서 $\boxed{-2}$를 뺐습니다.

02
$$4a=4b \longrightarrow a=b$$
└─ 양변을 $\boxed{4}$로 나눴습니다.
└─ 양변에 $\boxed{\frac{1}{4}}$을 곱했습니다.

03
$$-a+9=-b+9 \longrightarrow -a=-b$$
└─ 양변에서 $\boxed{9}$를 뺐습니다.
└─ 양변에 $\boxed{-9}$를 더했습니다.

04
$$\frac{3}{4}a=\frac{3}{4}b \longrightarrow a=b$$
└─ 양변에 $\boxed{\frac{4}{3}}$를 곱했습니다.
└─ 양변을 $\boxed{\frac{3}{4}}$으로 나눴습니다.

05
$$7a-1=7b-1 \longrightarrow 7a=7b \longrightarrow a=b$$
└─ 양변에 $\boxed{1}$을 더했습니다.
└─ 양변에서 $\boxed{-1}$을 뺐습니다.
└─ 양변을 $\boxed{7}$로 나눴습니다.
└─ 양변에 $\boxed{\frac{1}{7}}$을 곱했습니다.

06
$$\frac{1}{2}a+4=\frac{1}{2}b+4 \longrightarrow \frac{1}{2}a=\frac{1}{2}b \longrightarrow a=b$$
└─ 양변에서 $\boxed{4}$를 뺐습니다.
└─ 양변에 $\boxed{-4}$를 더했습니다.
└─ 양변에 $\boxed{2}$를 곱했습니다.
└─ 양변을 $\boxed{\frac{1}{2}}$로 나눴습니다.

▶정답 및 해설 9쪽

▶ 개념 마무리 2

다음 중 옳은 것에 ○표, 틀린 것에 ×표 하세요.

01 $\frac{a}{7}=\frac{b}{7}$이면 $a=b$이다. (○)
$$7\times\frac{a}{7}=\frac{b}{7}\times 7$$
$$a=b$$

02 $a-3=b+3$이면 $a=b$이다. (×)
└─ 양변에 3을 더함
$$a-3+3=b+3+3$$
$$a=b+6$$

03 $a=b$이면 $\frac{a}{c}=\frac{b}{c}$이다. (○)
(단, $c\neq 0$)

04 $a=2b$이면 $\frac{a}{2}=b$이다. (○)
$$\frac{1}{2}\times a=2b\times\frac{1}{2}$$
$$\frac{a}{2}=b$$

05 $a=b$이면 $a-4=4-b$이다. (×)
└─ 양변에서 4를 뺌
$$a-4=b-4\neq 4-b$$

06 $ac=bc$이면 $a=b$이다. (○)
(단, $c\neq 0$)

---

5 방정식 풀기 (1)

▶정답 및 해설 9쪽

방정식을 풀기 : 방정식의 해를 찾는 것을 '방정식을 푼다' 라고 해~

방정식을 $4x=-20$

→ 우리가 찾는 건 x의 값이니까, x 앞에 곱해진 4를 없애자!

등식의 성질 ❹번 이용
등식의 양변을 0이 아닌 같은 수로 나누어도 등식은 성립한다.

변형해서 $\dfrac{4x}{4}=\dfrac{-20}{4}$

해를 찾기 $x=-5$

문제 $\frac{1}{3}x=5$의 해를 구하시오.

풀이

x 앞에 곱해진 $\frac{1}{3}$을 없애야겠다!

$$\frac{1}{3}x=5$$

역수를 곱하면 1
두 수의 곱이 1이 될 때, 한 수를 다른 수의 역수라고 해~
예 $\frac{5}{2}$의 역수? $\frac{2}{5}$
-4의 역수는? $-\frac{1}{4}$

등식의 성질 ❸번 이용
등식의 양변에 같은 수를 곱해도 등식은 성립한다.

$$3\times\frac{1}{3}x=5\times 3$$
$$\overset{1}{3}\times\frac{1}{\underset{1}{3}}x=15$$
$$x=15$$

답 $x=15$

▶ 개념 익히기 1

등식의 성질을 이용하여 방정식의 해를 구하려고 합니다. 빈칸을 알맞게 채우세요.

01
$$3x=6$$
$$\Rightarrow \frac{3x}{3}=\frac{6}{3}$$
$$\Rightarrow x=\boxed{2}$$

02
$$2x=-14$$
$$\Rightarrow \frac{2x}{2}=\frac{-14}{2}$$
$$\Rightarrow x=\boxed{-7}$$

03
$$-12x=36$$
$$\Rightarrow \frac{-12x}{-12}=\frac{36}{-12}$$
$$\Rightarrow x=\boxed{-3}$$

▶ 개념 익히기 2

역수를 곱하여 방정식의 해를 구하려고 합니다. 빈칸을 알맞게 채우세요.

01
$$\frac{9}{5}x=18$$
$$\Rightarrow \frac{5}{9}\times\frac{9}{5}x=18\times\frac{5}{9}$$
$$\Rightarrow x=\boxed{10}$$

02
$$\frac{1}{4}x=1$$
$$\Rightarrow 4\times\frac{1}{4}x=1\times 4$$
$$\Rightarrow x=\boxed{4}$$

03
$$\frac{4}{7}x=8$$
$$\Rightarrow \frac{7}{4}\times\frac{4}{7}x=8\times\frac{7}{4}$$
$$\Rightarrow x=\boxed{14}$$

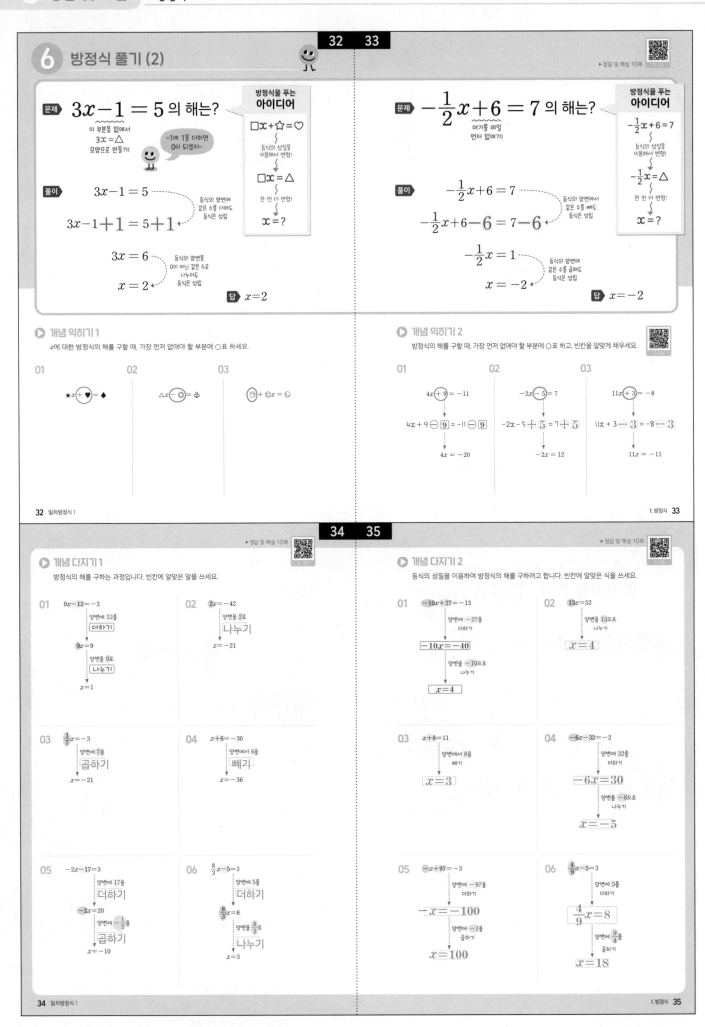

6 방정식 풀기 (2)

▶정답 및 해설 10쪽

문제 $3x-1=5$ 의 해는?

이 부분을 없애서 $3x=\triangle$ 모양으로 만들기!

−1에 1을 더하면 0이 되겠지~

방정식을 푸는 아이디어

□x+☆=♡
↓ 등식의 성질을 이용해서 변형!
□$x=\triangle$
↓ 한 번 더 변형!
$x=?$

풀이
$3x-1=5$
등식의 양변에 같은 수를 더해도 등식은 성립
$3x-1+1=5+1$
$3x=6$
등식의 양변을 0이 아닌 같은 수로 나누어도 등식은 성립
$x=2$

답 $x=2$

문제 $-\dfrac{1}{2}x+6=7$ 의 해는?

여기를 제일 먼저 없애기!

방정식을 푸는 아이디어

$-\dfrac{1}{2}x+6=7$
↓ 등식의 성질을 이용해서 변형!
$-\dfrac{1}{2}x=\triangle$
↓ 한 번 더 변형!
$x=?$

풀이
$-\dfrac{1}{2}x+6=7$
등식의 양변에서 같은 수를 빼도 등식은 성립
$-\dfrac{1}{2}x+6-6=7-6$
$-\dfrac{1}{2}x=1$
등식의 양변에 같은 수를 곱해도 등식은 성립
$x=-2$

답 $x=-2$

개념 익히기 1

x에 대한 방정식의 해를 구할 때, 가장 먼저 없애야 할 부분에 ○표 하세요.

01 ★x+♥ = ♠

02 △x−◎ = ♧

03 ⊙+ⓔx = ⓒ

개념 익히기 2

방정식의 해를 구할 때, 가장 먼저 없애야 할 부분에 ○표 하고, 빈칸을 알맞게 채우세요.

01 $4x$+9 = −11
$4x+9\boxed{-}\boxed{9}=-11\boxed{-}\boxed{9}$
$4x=-20$

02 $-2x$−5 = 7
$-2x-5\boxed{+}\boxed{5}=7\boxed{+}\boxed{5}$
$-2x=12$

03 $11x$+3 = −8
$11x+3\boxed{-}\boxed{3}=-8\boxed{-}\boxed{3}$
$11x=-11$

▶정답 및 해설 10쪽

개념 다지기 1

방정식의 해를 구하는 과정입니다. 빈칸에 알맞은 말을 쓰세요.

01 $9x-12=-3$
양변에 12를 **더하기**
$9x=9$
양변을 9로 **나누기**
$x=1$

02 $2x=-42$
양변을 2로 **나누기**
$x=-21$

03 $\dfrac{1}{7}x=-3$
양변에 7을 **곱하기**
$x=-21$

04 $x+6=-30$
양변에서 6을 **빼기**
$x=-36$

05 $-2x-17=3$
양변에 17을 **더하기**
$-2x=20$
양변에 $-\dfrac{1}{2}$을 **곱하기**
$x=-10$

06 $\dfrac{8}{3}x-5=3$
양변에 5를 **더하기**
$\dfrac{8}{3}x=8$
양변을 $\dfrac{8}{3}$로 **나누기**
$x=3$

개념 다지기 2

등식의 성질을 이용하여 방정식의 해를 구하려고 합니다. 빈칸에 알맞은 식을 쓰세요.

01 $-10x+27=-13$
양변에 −27을 더하기
$\boxed{-10x=-40}$
양변을 −10으로 나누기
$\boxed{x=4}$

02 $13x=52$
양변을 13으로 나누기
$\boxed{x=4}$

03 $x+8=11$
양변에서 8을 빼기
$\boxed{x=3}$

04 $-6x-32=-2$
양변에 32를 더하기
$\boxed{-6x=30}$
양변을 −6으로 나누기
$\boxed{x=-5}$

05 $-x+97=-3$
양변에 −97을 더하기
$\boxed{-x=-100}$
양변에 −1을 곱하기
$\boxed{x=100}$

06 $\dfrac{4}{9}x-5=3$
양변에 5를 더하기
$\boxed{\dfrac{4}{9}x=8}$
양변에 $\dfrac{9}{4}$를 곱하기
$\boxed{x=18}$

▶ 개념 마무리 1

등식의 성질을 이용하여 방정식의 해를 구하는 과정입니다. 빈칸을 알맞게 채우세요.

01

$$3x+2=7$$

$$3x+2-\boxed{2}=7-\boxed{2}$$

$$3x=\boxed{5}$$

$$\frac{3x}{\boxed{3}}=\frac{\boxed{5}}{\boxed{3}}$$

$$x=\frac{\boxed{5}}{\boxed{3}}$$

02

$$13x=-39$$

$$\frac{13x}{\boxed{13}}=\frac{\overset{3}{-\cancel{39}}}{\underset{1}{\cancel{13}}}$$

$$x=\boxed{-3}$$

03

$$\frac{1}{5}x=4$$

$$\overset{1}{\cancel{5}}\times\frac{1}{\underset{1}{\cancel{5}}}x=\boxed{5}\times 4$$

$$x=\boxed{20}$$

04

$$x-40=9$$

$$x-40+\boxed{40}=9+\boxed{40}$$

$$x=\boxed{49}$$

05

$$8x-11=13$$

$$8x-11+\boxed{11}=13+\boxed{11}$$

$$8x=\boxed{24}$$

$$\frac{\overset{1}{\cancel{8}}x}{\underset{1}{\cancel{8}}}=\frac{\overset{3}{\cancel{24}}}{\underset{1}{\cancel{8}}}$$

$$x=\boxed{3}$$

06

$$\frac{6}{5}x+10=-8$$

$$\frac{6}{5}x+10-\boxed{10}=-8-\boxed{10}$$

$$\frac{6}{5}x=\boxed{-18}$$

$$\frac{\overset{1}{\cancel{5}}}{\underset{1}{\cancel{6}}}\times\frac{\overset{1}{\cancel{6}}}{\underset{1}{\cancel{5}}}x=\frac{5}{\underset{1}{\cancel{6}}}\times(\overset{3}{-\cancel{18}})$$

$$x=\boxed{-15}$$

▶ 개념 마무리 2

방정식을 푸세요.

01 $-\dfrac{1}{2}x+44=18$

$$-\dfrac{1}{2}x+44-44=18-44$$

$$-\dfrac{1}{2}x=-26$$

$$(-\overset{1}{\cancel{2}})\times\left(-\dfrac{1}{\underset{1}{\cancel{2}}}x\right)=(-2)\times(-26)$$

$$x=52$$

답: $x=52$

02 $\dfrac{1}{9}x=5$

$$\overset{1}{\cancel{9}}\times\dfrac{1}{\underset{1}{\cancel{9}}}x=9\times5$$

$$x=45$$

답: $x=45$

03 $x-\dfrac{7}{6}=\dfrac{1}{2}$

$$x-\dfrac{7}{6}+\dfrac{7}{6}=\dfrac{1}{2}+\dfrac{7}{6}$$

$$x=\dfrac{10}{6}=\dfrac{5}{3}$$

답: $x=\dfrac{5}{3}$

04 $-7x+22=-6$

$$-7x+22-22=-6-22$$

$$-7x=-28$$

$$\dfrac{\overset{1}{\cancel{-7}x}}{\underset{1}{\cancel{-7}}}=\dfrac{\overset{4}{\cancel{-28}}}{\underset{1}{\cancel{-7}}}$$

$$x=4$$

답: $x=4$

05 $\dfrac{2}{3}x+1=11$

$$\dfrac{2}{3}x+1-1=11-1$$

$$\dfrac{2}{3}x=10$$

$$\dfrac{\overset{1}{\cancel{3}}}{\underset{1}{\cancel{2}}}\times\dfrac{\overset{1}{\cancel{2}}}{\underset{1}{\cancel{3}}}x=\dfrac{3}{\underset{1}{\cancel{2}}}\times\overset{5}{\cancel{10}}$$

$$x=15$$

답: $x=15$

06 $-8x+\dfrac{1}{3}=3$

$$-8x+\dfrac{1}{3}-\dfrac{1}{3}=3-\dfrac{1}{3}$$

$$-8x=\dfrac{8}{3}$$

$$\left(-\dfrac{1}{\underset{1}{\cancel{8}}}\right)\times(-\overset{1}{\cancel{8}}x)=\left(-\dfrac{1}{8}\right)\times\dfrac{\overset{1}{\cancel{8}}}{3}$$

$$x=-\dfrac{1}{3}$$

답: $x=-\dfrac{1}{3}$

7 이항

▶ 정답 및 해설 13쪽

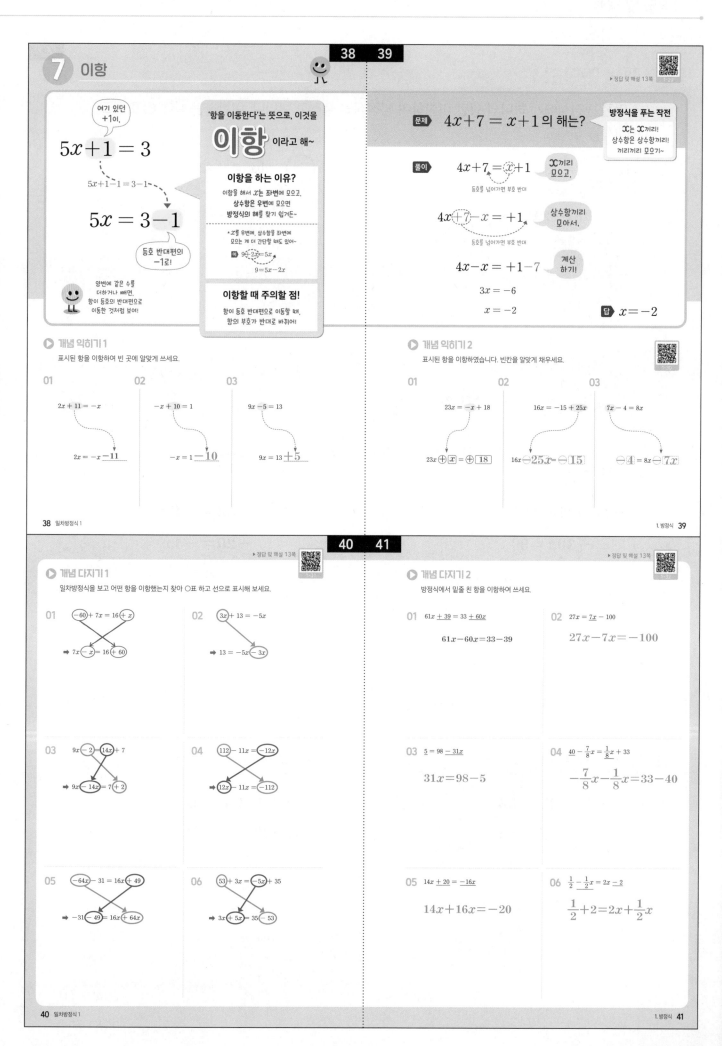

여기 있던 +1이,

$$5x + 1 = 3$$

$$5x + 1 - 1 = 3 - 1$$

$$5x = 3 - 1$$

등호 반대편의 −1로!

양변에 같은 수를 더하거나 빼면, 항이 등호의 반대편으로 이동한 것처럼 보여!

'항을 이동한다'는 뜻으로, 이것을

이항 이라고 해~

이항을 하는 이유?

이항을 해서 x는 좌변에 모으고, 상수항은 우변에 모으면 방정식의 해를 찾기 쉽거든~

* x를 우변에, 상수항을 좌변에 모으는 게 더 간단할 때도 있어~

예 $9 - 2x = 5x$
$9 = 5x - 2x$

이항할 때 주의할 점!

항이 등호 반대편으로 이동할 때, 항의 부호가 반대로 바뀌어!

방정식을 푸는 작전
x는 x끼리! 상수항은 상수항끼리! 끼리끼리 모으기~

문제 $4x + 7 = x + 1$ 의 해는?

풀이

$$4x + 7 = x + 1$$ x끼리 모으고,

등호를 넘어가면 부호 반대

$$4x + 7 - x = 1$$ 상수항끼리 모아서,

등호를 넘어가면 부호 반대

$$4x - x = 1 - 7$$ 계산하기!

$$3x = -6$$

$$x = -2$$

답 $x = -2$

▶ 개념 익히기 1

표시된 항을 이항하여 빈 곳에 알맞게 쓰세요.

01

$$2x + 11 = -x$$

$$2x = -x - 11$$

02

$$-x + 10 = 1$$

$$-x = 1 - 10$$

03

$$9x - 5 = 13$$

$$9x = 13 + 5$$

▶ 개념 익히기 2

표시된 항을 이항하였습니다. 빈칸을 알맞게 채우세요.

01

$$23x = -x + 18$$

$$23x \oplus \boxed{x} = \oplus \boxed{18}$$

02

$$16x = -15 + 25x$$

$$16x \ominus \boxed{25x} = \ominus \boxed{15}$$

03

$$7x - 4 = 8x$$

$$\ominus \boxed{4} = 8x \ominus \boxed{7x}$$

▶ 정답 및 해설 13쪽

▶ 개념 다지기 1

일차방정식을 보고 어떤 항을 이항했는지 찾아 ○표 하고 선으로 표시해 보세요.

01

$$(-60) + 7x = 16 (+ x)$$

$$\Rightarrow 7x (- x) = 16 (+ 60)$$

02

$$(3x) + 13 = -5x$$

$$\Rightarrow 13 = -5x (- 3x)$$

03

$$9x (- 2) = (14x) + 7$$

$$\Rightarrow 9x (- 14x) = 7 (+ 2)$$

04

$$(112) - 11x = (-12x)$$

$$\Rightarrow (12x) - 11x = (-112)$$

05

$$(-64x) - 31 = 16x (+ 49)$$

$$\Rightarrow -31 (- 49) = 16x (+ 64x)$$

06

$$(53) + 3x = (-5x) + 35$$

$$\Rightarrow 3x (+ 5x) = 35 (- 53)$$

▶ 개념 다지기 2

방정식에서 밑줄 친 항을 이항하여 쓰세요.

01 $61x \underline{+ 39} = 33 \underline{+ 60x}$

$$61x - 60x = 33 - 39$$

02 $27x = \underline{7x} - 100$

$$27x - 7x = -100$$

03 $5 = 98 \underline{- 31x}$

$$31x = 98 - 5$$

04 $40 - \frac{7}{8}x = \frac{1}{8}x + 33$

$$-\frac{7}{8}x - \frac{1}{8}x = 33 - 40$$

05 $14x \underline{+ 20} = \underline{-16x}$

$$14x + 16x = -20$$

06 $\frac{1}{2} - \frac{1}{2}x = 2x \underline{- 2}$

$$\frac{1}{2} + 2 = 2x + \frac{1}{2}x$$

▶ 개념 마무리 1

주어진 방정식에서 **하나의 항만 이항하여** 방정식을 풀려고 합니다. 이항하는 항에 ○표 하고,
방정식을 푸세요.

01 $1 \boxed{+ 20x} = 18x$

$$1 = 18x - 20x$$
$$1 = -2x$$
$$-\frac{1}{2} = x$$

답: $x = -\dfrac{1}{2}$

02 $\boxed{58} - 20x = -22$

$$-20x = -22 - 58$$
$$-20x = -80$$
$$x = 4$$

답: $x = 4$

03 $-3x = \boxed{27x} + 90$

$$-3x - 27x = 90$$
$$-30x = 90$$
$$x = -3$$

답: $x = -3$

04 $-202 = \boxed{-182} - 4x$

$$-202 + 182 = -4x$$
$$-20 = -4x$$
$$5 = x$$

답: $x = 5$

05 $7x - 3x = 24 \boxed{- 2x}$

$$7x - 3x + 2x = 24$$
$$6x = 24$$
$$x = 4$$

답: $x = 4$

06 $\boxed{-25} + 5x = 21 + 4$

$$5x = 21 + 4 + 25$$
$$5x = 50$$
$$x = 10$$

답: $x = 10$

▶ 개념 마무리 2

방정식을 푸세요.

01 $8x-16=21x+10$

$$-16-10=21x-8x$$
$$-26=13x$$
$$x=-2$$

답: $x=-2$

02 $-x+7=4-2x$

$$-x+2x=4-7$$
$$x=-3$$

답: $x=-3$

03 $x-11=\dfrac{3}{2}x+3$

$$x-\dfrac{3}{2}x=3+11$$
$$-\dfrac{1}{2}x=14$$
$$x=-28$$

답: $x=-28$

04 $5x+34=16-x$

$$5x+x=16-34$$
$$6x=-18$$
$$x=-3$$

답: $x=-3$

05 $4x-20-18x=-6$

$$4x-18x=-6+20$$
$$-14x=14$$
$$x=-1$$

답: $x=-1$

06 $12x-1=8x+2$

$$12x-8x=2+1$$
$$4x=3$$
$$x=\dfrac{3}{4}$$

답: $x=\dfrac{3}{4}$

44쪽 풀이

04

> *방정식이 되려면
> ① 미지수가 있어야 함
>   (있던 x가 사라지면 안 됨)
> ② 등식이어야 함

㉠ $x+5x-24$ → 등식이 아님

㉡ $3+\cancel{x}-\cancel{x}=2$ → 미지수 x가 사라짐

㉢ $x=3x+5$ → 방정식이 맞음

㉣ $4x-7=1$ → 방정식이 맞음

답 ㉢, ㉣

45쪽 풀이

07 $a=b$일 때 등식이 성립하지 않는 것

① $a-2=b-2$
→ 양변에서 같은 수를 **빼도** 등식이 성립함

② $a+5=b+5$
→ 양변에 같은 수를 **더해도** 등식이 성립함

③ $3a=3b$
→ 양변에 같은 수를 **곱해도** 등식이 성립함

④ $4-a=4+b$ (×)
→ $-a=b$

⑤ $\dfrac{a}{6}=\dfrac{b}{6}$
→ 양변을 0이 아닌 같은 수로 **나누어도** 등식이 성립함

답 ④

단원 마무리

1. 방정식

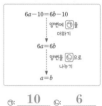

01 다음 중에서 등식인 것은? ③

① $x+5<1$ ② $14-x$
✓③ $4+4=8$ ④ $2+2x\geq10$
⑤ 2023

02 등식 $6a+1=-3$에 대한 설명으로 옳은 것을 모두 찾아 기호를 쓰시오. ㉠, ㉡

✓㉠ 좌변은 $6a+1$입니다. (○)
✓㉡ 우변은 -3입니다. (○)
㉢ x에 대한 방정식입니다. (×)

→ a에 대한 방정식

03 방정식 $-7x=98$을 푸시오.

$$\dfrac{-7x}{-7}=\dfrac{98}{-7}$$
$$x=-14$$

04 다음 중 방정식을 모두 찾아 기호를 쓰시오.

> ㉠ $x+5x-24$ ㉡ $3+x-x=2$
> ✓㉢ $x=3x+5$ ✓㉣ $4x-7=1$

㉢, ㉣

05 등식의 성질을 이용하여 식을 바꾸었습니다. ㉠, ㉡에 알맞은 수를 구하시오.

> $6a-10=6b-10$
> ↓ 양변에 ㉠을 더하기
> $6a=6b$
> ↓ 양변을 ㉡으로 나누기
> $a=b$

㉠: __10__ ㉡: __6__

44 일차방정식 1

▶ 정답 및 해설 16~17쪽

06 다음 문장을 식으로 나타내시오.

> 어떤 수 x를 4를 곱하고 3을 더한 값은 19와 같습니다.

$$x\times4+3=19$$
$$(\text{또는 } 4x+3=19)$$

07 0이 아닌 a, b에 대하여 $a=b$일 때, 등식이 성립하지 <u>않는</u> 것은? ④

① $a-2=b-2$
② $a+5=b+5$
③ $3a=3b$
✓④ $4-a=4+b$
⑤ $\dfrac{a}{6}=\dfrac{b}{6}$

08 다음 설명 중에서 옳은 것은? ②

① $4x=2x-9$에서 좌변은 $2x-9$이다.
✓② $2x=-1$은 방정식이다.
③ $3x^2=12$의 해는 $x=4$이다.
④ 방정식의 미지수는 항상 x만 써야 한다.
⑤ 방정식에서 '해'는 x의 값이고, '근'은 y의 값을 뜻한다.

09 다음 중 밑줄 친 항을 잘못 이항한 것은? ④

① $4\underline{x+1}=6 \rightarrow 4x=6-1$
② $13\underline{-x}=2x \rightarrow 13=2x+x$
③ $15x\underline{+5x}=1 \rightarrow 15x-5x=1$
✓④ $9\underline{+2x}=-6-7x \rightarrow 9+6=2x-7x$
⑤ $\underline{25}=49-8x \rightarrow 8x=49-25$

10 다음 방정식 중 해가 $x=-1$인 것은? ⑤

① $2x-x=0$ ② $x-1=2$
③ $2-2x=0$ ④ $3x+3=1$
✓⑤ $-4-3x=-1$

1. 방정식 **45**

---

08 ① $4x=2x-9$에서 좌변은 $2x-9$이다. (×)
→ 좌변은 $4x$이고, 우변은 $2x-9$

② $2x=-1$은 방정식이다. (○)

③ $3x^2=12$의 해는 $x=4$이다. (×)
→ $x=4$를 대입해보면,
$3 \times 4^2 = 3 \times 16$
$\qquad\quad = 48 \neq 12$
→ $x=4$는 해가 아님

④ 방정식의 미지수는 항상 x만 써야 한다. (×)
→ x가 아닌 다른 문자도 사용할 수 있다.

⑤ 방정식에서 '해'는 x의 값이고, '근'은 y의 값을 뜻한다. (×)
→ 해, 근은 같은 뜻으로, 방정식이 참이 되게 하는 미지수의 값을 뜻한다.

답 ②

09 * 이항할 때는 부호가 반대로 바뀜

① $4x+1=6$

→ $4x=6-1$

② $13-x=2x$

→ $13=2x+x$

③ $15x=1+5x$

→ $15x-5x=1$

④ $9+2x=-6-7x$

→ $9+6=2x-7x$
$\qquad\qquad$ $-2x$여야 함

⑤ $25=49-8x$

→ $+8x=49-25$

답 ④

10 ① $2x-x=0$
$\quad x=0$

② $x-1=2$
$\quad x=2+1$
$\quad x=3$

③ $2-2x=0$
$\quad 2=2x$
$\quad x=1$

④ $3x+3=1$
$\quad 3x=1-3$
$\quad 3x=-2$
$\quad x=-\dfrac{2}{3}$

⑤ $-4-3x=-1$
$\quad -3x=-1+4$
$\quad -3x=3$
$\quad x=-1$

답 ⑤

46쪽 풀이

12 ① 등호가 있는 식은 모두 방정식이다. (×)

예 2+4=6은 등식이지만, 미지수가 없으므로
방정식이 아님

답 ①

13 $2x+13=-30-9x$

이항

$\rightarrow 2x+9x=-30-13$

$\underbrace{11}_{a}x=\underbrace{-43}_{b}$

답 $a=11, b=-43$

14 $-9+7x=-2x+27$

$7x+2x=27+9$

$9x=36$

$x=4$

답 $x=4$

단원 마무리

11 다음은 등식의 성질을 이용하여 방정식의 해를 구하는 과정입니다. 빈칸을 알맞게 채우시오.

$\frac{1}{5}x-9=2$

$\frac{1}{5}x-9+\boxed{9}=2+\boxed{9}$

$\frac{1}{5}x=\boxed{11}$

$\boxed{5}\times\frac{1}{5}x=\boxed{5}\times\boxed{11}$

$x=\boxed{55}$

12 다음 설명 중 옳지 않은 것은? ①
   ☑ 등호가 있는 식은 모두 방정식이다.
   ② 방정식이 참이 되게 하는 미지수의 값을 방정식의 근이라고 한다.
   ③ x에 대한 방정식에서 x를 미지수라고 한다.
   ④ 등식의 양변을 0이 아닌 같은 수로 나누어도 등식이 성립한다.
   ⑤ 등식의 한 변에 있는 항을 부호를 바꾸어 다른 변으로 옮기는 것을 이항이라고 한다.

13 방정식의 해를 구하는 과정입니다. a, b의 값을 각각 구하시오. (단, $a>0$)

$2x+13=-30-9x$

이항

$ax=b$

$x=?$

$a=11$

$b=-43$

14 방정식 $-9+7x=-2x+27$을 푸시오.

$x=4$

15 다음 그림과 같이 접시저울이 평형을 이루고 있습니다. 분홍색 구슬과 노란색 구슬 중 1개의 무게가 더 무거운 것은 어느 색인지 쓰시오.

분홍색

15 양쪽 접시에서 구슬을 똑같이 지우고 생각해보면

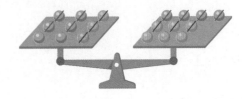

→ 분홍색 구슬 2개 = 노란색 구슬 3개

양쪽의 무게가 같으니까,
왼쪽 그림과 같이 막대로
구슬의 무게를 나타내면
분홍색 구슬 1개의 무게가
더 무거움

답 분홍색

17

$$8x+11=-5 \quad \text{①}$$
$$8x=-16 \quad \text{②}$$
$$x=-2$$

지효: ①은 양변에서 같은 수를 빼면 돼. (○)

$$8x+11=-5$$
$$8x+11-11=-5-11$$
$$8x=-16$$

소민: ①은 양변에 같은 수를 더하는 것도 가능해. (○)

$$8x+11=-5$$
$$8x+11+(-11)=-5+(-11)$$
$$8x=-16$$

도윤: ②은 양변에 같은 수를 곱한 거야. (○)

$$8x=-16$$
$$8x \times \frac{1}{8}=-16 \times \frac{1}{8}$$
$$x=-2$$

우진: ②은 양변을 같은 수로 나누는 방법밖에 없어. (×)

0이 아닌

→ 양변을 8로 나누어도 되고, $\quad 8x=-16$
도윤이처럼 양변에 $\qquad 8x \div 8 = -16 \div 8$
$\frac{1}{8}$을 곱해도 됨 $\qquad\qquad x=-2$

답 지효, 소민, 도윤

18

① $10x+20=-10$
$\quad 10x=-10-20$
$\quad 10x=-30$
$\qquad x=-3$

② $x+7=4$
$\quad x=4-7$
$\quad x=-3$

③ $-2x+5=11$
$\quad -2x=11-5$
$\quad -2x=6$
$\qquad x=-3$

④ $4x-6=-4x-30$
$\quad 4x+4x=-30+6$
$\qquad 8x=-24$
$\qquad x=-3$

⑤ $\frac{2}{3}x-2=0$
$\quad \frac{2}{3}x=2$
$\quad \overset{1}{\cancel{\frac{3}{2}}} \times \overset{1}{\cancel{\frac{2}{3}}}x = \overset{1}{\cancel{2}} \times \frac{3}{\cancel{2}_1}$
$\qquad x=3$

답 ⑤

▶ 정답 및 해설 18~20쪽

16 다음은 $x=2$일 때, $-5x+7$의 값을 등식의 성질을 이용하여 구하는 과정입니다. 빈칸을 알맞게 채우시오.

$$x=2$$
$$-5x=\boxed{-10}$$
$$-5x+\boxed{7}=\boxed{-10}+\boxed{7}$$
$$-5x+\boxed{7}=\boxed{-3}$$

17 등식의 성질을 이용하여 방정식의 해를 구하는 과정에 대해 나눈 대화입니다. 바르게 말한 사람은 누구인지 모두 쓰시오.

$$8x+11=-5$$
$$8x=-16 \quad \text{①}$$
$$x=-2 \quad \text{②}$$

지효: ①은 양변에서 같은 수를 빼면 돼.
소민: ①은 양변에 같은 수를 더하는 것도 가능해.
도윤: ②은 양변에 같은 수를 곱한 거야.
우진: ②은 양변을 같은 수로 나누는 방법밖에 없어.

지효, 소민, 도윤

18 다음 방정식 중에서 해가 나머지 넷과 다른 하나는? ⑤
① $10x+20=-10$
② $x+7=4$
③ $-2x+5=11$
④ $4x-6=-4x-30$
⑤ $\frac{2}{3}x-2=0$

19 다음 중 옳지 않은 것은? ③
① $3a=3b$이면 $a-1=b-1$이다.
② $\frac{a}{2}=\frac{b}{2}$이면 $a=b$이다.
③ $5a=4b$이면 $\frac{a}{5}=\frac{b}{4}$이다.
④ $2a+2=2b+2$이면 $a=b$이다.
⑤ $1-a=1-b$이면 $a+1=b+1$이다.

20 다음은 등식의 성질에 따라 방정식의 해를 구하는 과정입니다. 처음 방정식을 구하시오.

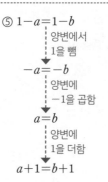

$$6x+2=-58$$

1. 방정식 **47**

19

① $3a=3b$
양변을 3으로 나눔
$a=b$
양변에서 1을 뺌
$a-1=b-1$

② $\frac{a}{2}=\frac{b}{2}$
양변에 2를 곱함
$a=b$

③ $5a=4b$
좌변을 $\frac{a}{5}$로 만들기 위해 양변을 25로 나누기
$\frac{5a}{25}=\frac{4b}{25}$
→ $\frac{a}{5}=\frac{4b}{25} \neq \frac{b}{4}$

④ $2a+2=2b+2$
양변에서 2를 뺌
$2a=2b$
양변을 2로 나눔
$a=b$

⑤ $1-a=1-b$
양변에서 1을 뺌
$-a=-b$
양변에 -1을 곱함
$a=b$
양변에 1을 더함
$a+1=b+1$

답 ③

47쪽 풀이

20 주어진 과정을 거꾸로 살펴보면

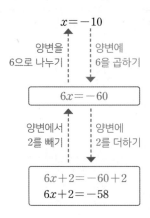

$$x=-10$$

양변을 6으로 나누기 / 양변에 6을 곱하기

$$6x=-60$$

양변에서 2를 빼기 / 양변에 2를 더하기

$$6x+2=-60+2$$
$$6x+2=-58$$

답 $6x+2=-58$

48쪽 풀이

21

30 g / 60 g / 무게가 같음

↓ 양변에서 똑같은 수를 빼도 등식이 성립하므로 양쪽 접시에서 똑같이 구슬 2개씩을 빼도 무게는 똑같음

30 g / 60 g / 무게가 같음

↓ 양쪽 접시에서 똑같이 30 g을 빼도 무게는 똑같음

30 g / 무게가 같음

→ 구슬 3개의 무게는 30 g
따라서, 구슬 1개의 무게는 10 g

답 10 g

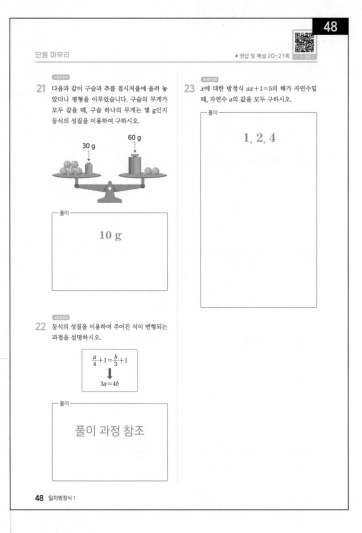

단원 마무리 ▶ 정답 및 해설 20~21쪽

21 다음과 같이 구슬과 추를 접시저울에 올려 놓았더니 평형을 이루었습니다. 구슬의 무게가 모두 같을 때, 구슬 하나의 무게는 몇 g인지 등식의 성질을 이용하여 구하시오.

30 g / 60 g

풀이
10 g

22 등식의 성질을 이용하여 주어진 식이 변형되는 과정을 설명하시오.

$$\frac{a}{4}+1=\frac{b}{3}+1$$
$$\downarrow$$
$$3a=4b$$

풀이
풀이 과정 참조

23 x에 대한 방정식 $ax+1=5$의 해가 자연수일 때, 자연수 a의 값을 모두 구하시오.

풀이
1, 2, 4

48 일차방정식 1

22

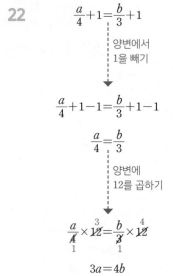

$$\frac{a}{4}+1=\frac{b}{3}+1$$

↓ 양변에서 1을 빼기

$$\frac{a}{4}+1-1=\frac{b}{3}+1-1$$

$$\frac{a}{4}=\frac{b}{3}$$

↓ 양변에 12를 곱하기

$$\frac{a}{\overset{1}{\cancel{4}}}\times\overset{3}{\cancel{12}}=\frac{b}{\overset{1}{\cancel{3}}}\times\overset{4}{\cancel{12}}$$

$$3a=4b$$

23

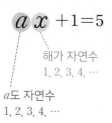

$a x + 1 = 5$

해가 자연수
1, 2, 3, 4, …

a도 자연수
1, 2, 3, 4, …

$\rightarrow ax = 4$

$x=1$이면 $a \times 1 = 4$ $a = 4$	$x=2$이면 $a \times 2 = 4$ $a = 2$	$x=3$이면 $a \times 3 = 4$ $a = \dfrac{4}{3}$ 자연수 아님
$x=4$이면 $a \times 4 = 4$ $a = 1$	$x=5$이면 $a \times 5 = 4$ $a = \dfrac{4}{5}$	$x=5, 6, 7, \cdots$이면 a가 1보다 작아지므로 a는 자연수가 아님

따라서, 자연수 a의 값은 1, 2, 4

답 1, 2, 4

<다른 풀이>

$$ax = 4$$

$$\rightarrow x = \frac{4}{a}$$

$\dfrac{4}{a}$가 자연수이므로, a는 4의 약수

따라서 a의 값은 1, 2, 4

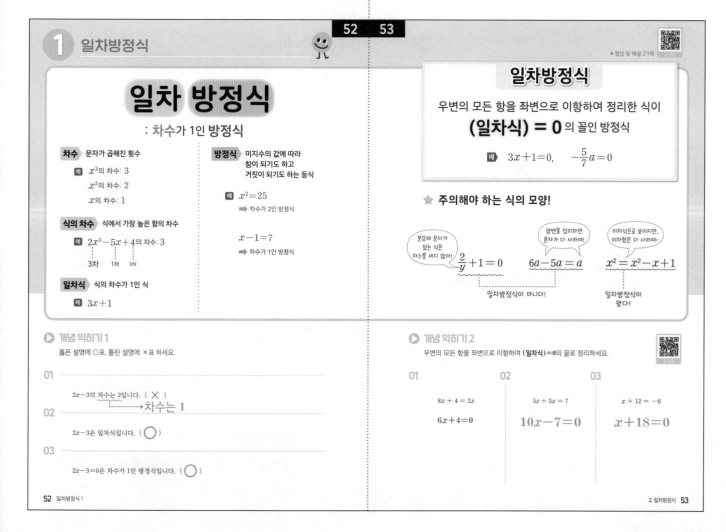

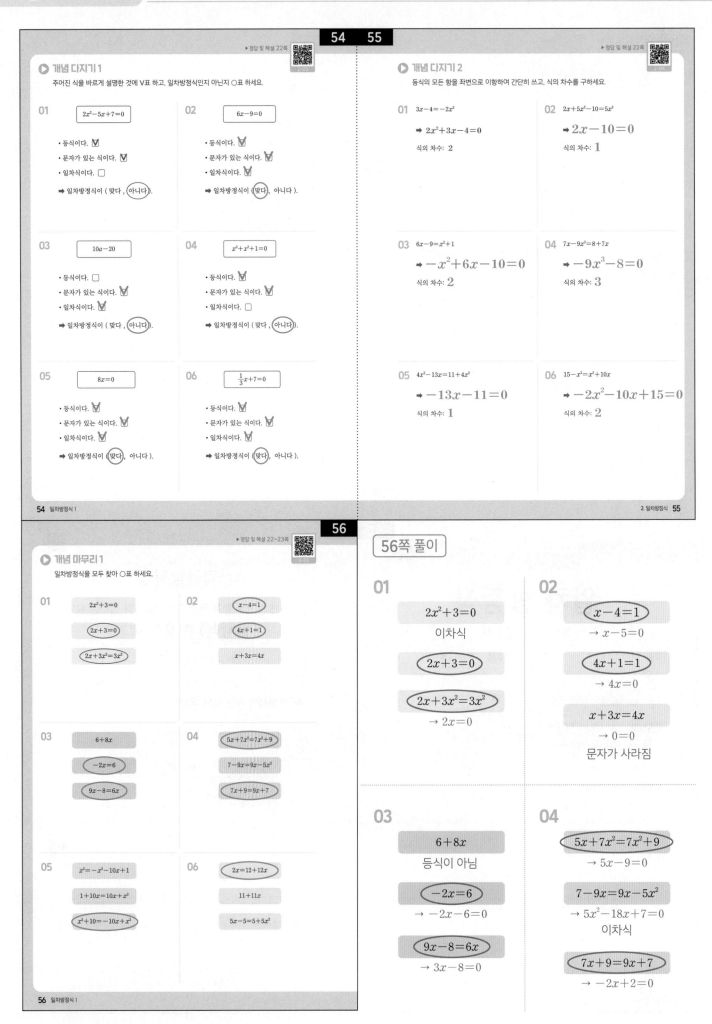

54 55

▶ 정답 및 해설 22쪽

개념 다지기 1
주어진 식을 바르게 설명한 것에 V표 하고, 일차방정식인지 아닌지 ◯표 하세요.

01 $2x^2-5x+7=0$
- 등식이다. ☑
- 문자가 있는 식이다. ☑
- 일차식이다. ☐
➡ 일차방정식이 (맞다 , (아니다)).

02 $6x-9=0$
- 등식이다. ☑
- 문자가 있는 식이다. ☑
- 일차식이다. ☑
➡ 일차방정식이 ((맞다) , 아니다).

03 $10a-20$
- 등식이다. ☐
- 문자가 있는 식이다. ☑
- 일차식이다. ☑
➡ 일차방정식이 (맞다 , (아니다)).

04 $x^3+x^2+1=0$
- 등식이다. ☑
- 문자가 있는 식이다. ☑
- 일차식이다. ☐
➡ 일차방정식이 (맞다 , (아니다)).

05 $8x=0$
- 등식이다. ☑
- 문자가 있는 식이다. ☑
- 일차식이다. ☑
➡ 일차방정식이 ((맞다) , 아니다).

06 $\frac{1}{3}x+7=0$
- 등식이다. ☑
- 문자가 있는 식이다. ☑
- 일차식이다. ☑
➡ 일차방정식이 ((맞다) , 아니다).

개념 다지기 2
등식의 모든 항을 좌변으로 이항하여 간단히 쓰고, 식의 차수를 구하세요.

01 $3x-4=-2x^2$
➡ $2x^2+3x-4=0$
식의 차수: 2

02 $2x+5x^2-10=5x^2$
➡ $2x-10=0$
식의 차수: 1

03 $6x-9=x^2+1$
➡ $-x^2+6x-10=0$
식의 차수: 2

04 $7x-9x^3=8+7x$
➡ $-9x^3-8=0$
식의 차수: 3

05 $4x^2-13x=11+4x^2$
➡ $-13x-11=0$
식의 차수: 1

06 $15-x^2=x^2+10x$
➡ $-2x^2-10x+15=0$
식의 차수: 2

56

▶ 정답 및 해설 22~23쪽

개념 마무리 1
일차방정식을 모두 찾아 ◯표 하세요.

01
$2x^2+3=0$
$(2x+3=0)$
$(2x+3x^2=3x^2)$

02
$(x-4=1)$
$(4x+1=1)$
$x+3x=4x$

03
$6+8x$
$(-2x=6)$
$(9x-8=6x)$

04
$(5x+7x^2=7x^2+9)$
$7-9x=9x-5x^2$
$(7x+9=9x+7)$

05
$x^2=-x^2-10x+1$
$1+10x=10x+x^2$
$(x^2+10=-10x+x^2)$

06
$(2x=12+12x)$
$11+11x$
$5x-5=5+5x^2$

56쪽 풀이

01
$2x^2+3=0$
이차식

$(2x+3=0)$

$(2x+3x^2=3x^2)$
→ $2x=0$

02
$(x-4=1)$
→ $x-5=0$

$(4x+1=1)$
→ $4x=0$

$x+3x=4x$
→ $0=0$
문자가 사라짐

03
$6+8x$
등식이 아님

$(-2x=6)$
→ $-2x-6=0$

$(9x-8=6x)$
→ $3x-8=0$

04
$(5x+7x^2=7x^2+9)$
→ $5x-9=0$

$7-9x=9x-5x^2$
→ $5x^2-18x+7=0$
이차식

$(7x+9=9x+7)$
→ $-2x+2=0$

05

$$x^2 = -x^2 - 10x + 1$$
$$\rightarrow 2x^2 + 10x - 1 = 0$$
이차식

$$1 + 10x = 10x + x^2$$
$$\rightarrow -x^2 + 1 = 0$$
이차식

$$x^2 + 10 = -10x + x^2$$
$$\rightarrow 10x + 10 = 0$$

06

$$2x = 12 + 12x$$
$$\rightarrow -10x - 12 = 0$$

$$11 + 11x$$
등식이 아님

$$5x - 5 = 5 + 5x^2$$
$$\rightarrow -5x^2 + 5x - 10 = 0$$
이차식

※ x에 대한 일차방정식이 되려면

① 일차항은 꼭 있어야 함

② 이차항, 삼차항, …은 없어야 함

③ 상수항은 있어도 되고, 없어도 됨

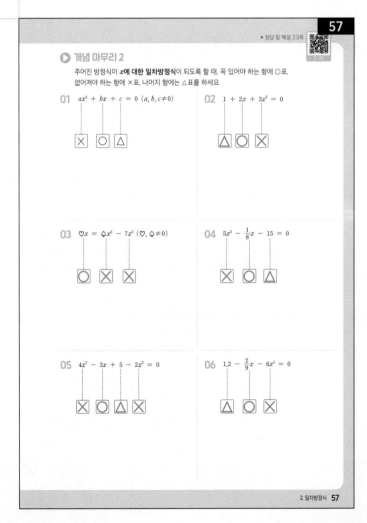

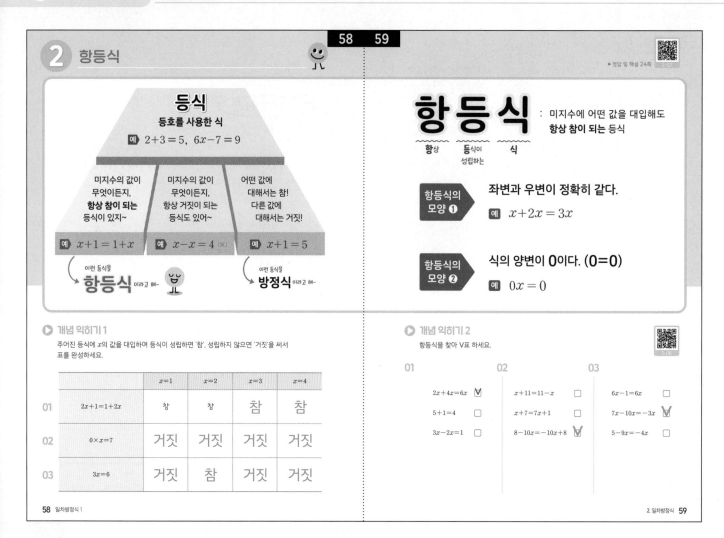

58 59

2 항등식

▶ 정답 및 해설 24쪽

등식
등호를 사용한 식
예 $2+3=5$, $6x-7=9$

미지수의 값이 무엇이든지, **항상 참이 되는** 등식이 있지~	미지수의 값이 무엇이든지, 항상 거짓이 되는 등식도 있어~	어떤 값에 대해서는 참! 다른 값에 대해서는 거짓!
예 $x+1=1+x$	예 $x-x=4$ (×)	예 $x+1=5$

이런 등식을 **항등식** 이라고 해~

이런 등식을 **방정식** 이라고 해~

항등식
항상 등식이 성립하는 식
: 미지수에 어떤 값을 대입해도 **항상 참이 되는** 등식

항등식의 모양 ❶ 　좌변과 우변이 정확히 같다.
예 $x+2x=3x$

항등식의 모양 ❷ 　식의 양변이 0이다. (0=0)
예 $0x=0$

▶ 개념 익히기 1
주어진 등식에 x의 값을 대입하여 등식이 성립하면 '참', 성립하지 않으면 '거짓'을 써서 표를 완성하세요.

		$x=1$	$x=2$	$x=3$	$x=4$
01	$2x+1=1+2x$	참	참	참	참
02	$0 \times x=7$	거짓	거짓	거짓	거짓
03	$3x=6$	거짓	참	거짓	거짓

▶ 개념 익히기 2
항등식을 찾아 V표 하세요.

01
$2x+4x=6x$ ☑
$5+1=4$ ☐
$3x-2x=1$ ☐

02
$x+11=11-x$ ☐
$x+7=7x+1$ ☐
$8-10x=-10x+8$ ☑

03
$6x-1=6x$ ☐
$7x-10x=-3x$ ☑
$5-9x=-4x$ ☐

[**58쪽 풀이**]

01
$$2x+1=1+2x$$

- $x=1$ 대입 → (좌변) $2 \times 1+1=3$
  $=$
  (우변) $1+2 \times 1=3$

- $x=2$ 대입 → (좌변) $2 \times 2+1=5$
  $=$
  (우변) $1+2 \times 2=5$

- $x=3$ 대입 → (좌변) $2 \times 3+1=7$
  $=$
  (우변) $1+2 \times 3=7$

- $x=4$ 대입 → (좌변) $2 \times 4+1=9$
  $=$
  (우변) $1+2 \times 4=9$

02
$$0 \times x=7$$

- $x=1$ 대입 → $0 \times 1=0 \neq 7$
- $x=2$ 대입 → $0 \times 2=0 \neq 7$
- $x=3$ 대입 → $0 \times 3=0 \neq 7$
- $x=4$ 대입 → $0 \times 4=0 \neq 7$

03
$$3x=6$$

- $x=1$ 대입 → $3 \times 1=3 \neq 6$
- $x=2$ 대입 → $3 \times 2=6$
- $x=3$ 대입 → $3 \times 3=9 \neq 6$
- $x=4$ 대입 → $3 \times 4=12 \neq 6$

③ 일차방정식의 풀이

▶ 정답 및 해설 25쪽

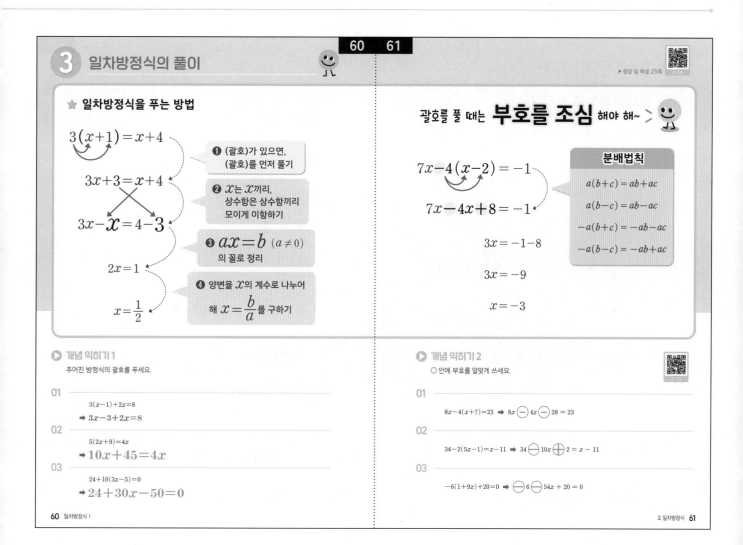

★ **일차방정식을 푸는 방법**

$$3(x+1)=x+4$$

❶ (괄호)가 있으면, (괄호)를 먼저 풀기

$$3x+3=x+4$$

❷ x는 x끼리, 상수항은 상수항끼리 모이게 이항하기

$$3x-x=4-3$$

❸ $ax=b$ $(a \neq 0)$ 의 꼴로 정리

$$2x=1$$

❹ 양변을 x의 계수로 나누어 해 $x=\dfrac{b}{a}$를 구하기

$$x=\dfrac{1}{2}$$

괄호를 풀 때는 **부호를 조심** 해야 해~

$$7x-4(x-2)=-1$$

$$7x-4x+8=-1$$

$$3x=-1-8$$

$$3x=-9$$

$$x=-3$$

분배법칙

$$a(b+c)=ab+ac$$
$$a(b-c)=ab-ac$$
$$-a(b+c)=-ab-ac$$
$$-a(b-c)=-ab+ac$$

▶ **개념 익히기 1**

주어진 방정식의 괄호를 푸세요.

01
$$3(x-1)+2x=8$$
$$\Rightarrow 3x-3+2x=8$$

02
$$5(2x+9)=4x$$
$$\Rightarrow 10x+45=4x$$

03
$$24+10(3x-5)=0$$
$$\Rightarrow 24+30x-50=0$$

▶ **개념 익히기 2**

○ 안에 부호를 알맞게 쓰세요.

01
$$8x-4(x+7)=23 \Rightarrow 8x \bigcirc 4x \bigcirc 28 = 23$$

02
$$34-2(5x-1)=x-11 \Rightarrow 34 \bigcirc 10x \bigcirc 2 = x-11$$

03
$$-6(1+9x)+20=0 \Rightarrow \bigcirc 6 \bigcirc 54x + 20 = 0$$

▶ 개념 다지기 1

일차방정식을 푸세요.

01
$$5(x-3)=4x$$
$$5x-15=4x$$
$$x=15$$

답: $x=15$

02
$$13=2(-x+9)$$
$$13=-2x+18$$
$$-5=-2x$$
$$x=\frac{5}{2}$$

답: $x=\dfrac{5}{2}$

03
$$3(3x-2)=7x$$
$$9x-6=7x$$
$$2x=6$$
$$x=3$$

답: $x=3$

04
$$8(-2x-1)=37-x$$
$$-16x-8=37-x$$
$$-15x=45$$
$$x=-3$$

답: $x=-3$

05
$$-10x+4(x+6)=12$$
$$-10x+4x+24=12$$
$$-6x+24=12$$
$$-6x=-12$$
$$x=2$$

답: $x=2$

06
$$-14-3(-2x+2)=x$$
$$-14+6x-6=x$$
$$-20+6x=x$$
$$5x=20$$
$$x=4$$

답: $x=4$

▶ 개념 다지기 2

일차방정식의 해를 구하여 알맞은 곳에 글자를 쓰세요.

은 $6x=18-12(2x-1)$

$$6x=18-24x+12$$
$$6x=30-24x$$
$$30x=30$$
$$x=1$$

노 $5(x+1)=3(7x-9)$

$$5x+5=21x-27$$
$$-16x=-32$$
$$x=2$$

날 $30+20x=-11(2-3x)$

$$30+20x=-22+33x$$
$$-13x=-52$$
$$x=4$$

내 $12x+8-5(x-4)=0$

$$12x+8-5x+20=0$$
$$7x+28=0$$
$$7x=-28$$
$$x=-4$$

는 $-2(x+4)+9(9-x)=40$

$$-2x-8+81-9x=40$$
$$-11x+73=40$$
$$-11x=-33$$
$$x=3$$

일 $x-5=2(3x+5)$

$$x-5=6x+10$$
$$-5x=15$$
$$x=-3$$

-4	-3	1	2	3	4
내	일	은	노	는	날

64

▶ 개념 마무리 1

괄호 안을 먼저 계산하여 간단히 한 후, 일차방정식을 푸세요.

01
$$4x+2\big(5-18x+20x\big)=12$$
$$4x+2(5+2x)=12$$
$$4x+10+4x=12$$
$$8x=2$$
$$x=\frac{1}{4}$$

답: $x=\dfrac{1}{4}$

02
$$-6\big(12x+2-9x\big)+10x=28$$
$$-6(3x+2)+10x=28$$
$$-18x-12+10x=28$$
$$-8x-12=28$$
$$-8x=40$$
$$x=-5$$

답: $x=-5$

03
$$2-40x=14\big(9-3x-8\big)$$
$$2-40x=14(1-3x)$$
$$2-40x=14-42x$$
$$2x=12$$
$$x=6$$

답: $x=6$

04
$$22=7x-5\big(11x+17-13x-18\big)$$
$$22=7x-5(-2x-1)$$
$$22=7x+10x+5$$
$$22=17x+5$$
$$17=17x$$
$$x=1$$

답: $x=1$

▶ 개념 마무리 2

방정식의 해가 큰 순서대로 이름을 쓰세요.

서린

$$3(2x-1)+5x=6x+2$$

$$6x-3+5x=6x+2$$
$$11x-3=6x+2$$
$$5x=5$$
$$x=1$$

민채

$$2(x-1)-3(8x-5)=2$$

$$2x-2-24x+15=2$$
$$-22x+13=2$$
$$-22x=-11$$
$$x=\frac{1}{2}$$

동욱

$$5(x-3)+2(x-4)=6(2x-3)$$

$$5x-15+2x-8=12x-18$$
$$7x-23=12x-18$$
$$-5x=5$$
$$x=-1$$

종호

$$x-2(19x-12+17-16x)=5$$

$$x-2(3x+5)=5$$
$$x-6x-10=5$$
$$-5x-10=5$$
$$-5x=15$$
$$x=-3$$

원영

$$3(3x-4)-7(x-2)=2(5x-7)$$

$$9x-12-7x+14=10x-14$$
$$2x+2=10x-14$$
$$-8x=-16$$
$$x=2$$

원영, 서린, 민채, 동욱, 종호

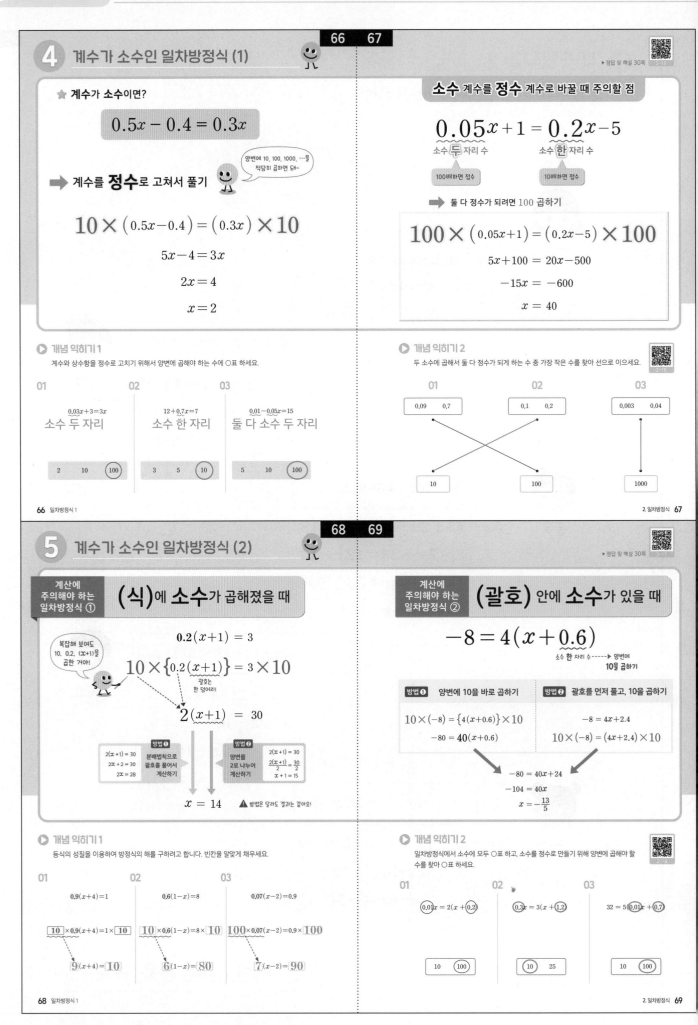

4   계수가 소수인 일차방정식 (1)

▶정답 및 해설 30쪽

★ 계수가 소수이면?

$$0.5x - 0.4 = 0.3x$$

양변에 10, 100, 1000, …을 적당히 곱하면 돼~

➡ 계수를 **정수**로 고쳐서 풀기

$$10 \times (0.5x - 0.4) = (0.3x) \times 10$$

$$5x - 4 = 3x$$

$$2x = 4$$

$$x = 2$$

소수 계수를 정수 계수로 바꿀 때 주의할 점

$$0.05x + 1 = 0.2x - 5$$

소수 **두** 자리 수   소수 **한** 자리 수

100배하면 정수   10배하면 정수

➡ 둘 다 정수가 되려면 100 곱하기

$$100 \times (0.05x + 1) = (0.2x - 5) \times 100$$

$$5x + 100 = 20x - 500$$

$$-15x = -600$$

$$x = 40$$

▶ 개념 익히기 1

계수와 상수항을 정수로 고치기 위해서 양변에 곱해야 하는 수에 ○표 하세요.

01

$$0.03x + 3 = 3x$$

소수 두 자리

2   10   ⑩⑩(100)

02

$$12 + 0.7x = 7$$

소수 한 자리

3   5   ⑩(10)

03

$$0.01 - 0.05x = 15$$

둘 다 소수 두 자리

5   10   (100)

▶ 개념 익히기 2

두 소수에 곱해서 둘 다 정수가 되게 하는 수 중 가장 작은 수를 찾아 선으로 이으세요.

01

| 0.09 | 0.7 |

02

| 0.1 | 0.2 |

03

| 0.003 | 0.04 |

| 10 | | 100 | | 1000 |

5   계수가 소수인 일차방정식 (2)

▶정답 및 해설 30쪽

계산에 주의해야 하는 일차방정식 ①   **(식)에 소수가 곱해졌을 때**

복잡해 보여도 10, 0.2, (x+1)을 곱한 거야!

$$0.2(x+1) = 3$$

$$10 \times \{0.2(x+1)\} = 3 \times 10$$

괄호는 한 덩어리!

$$2(x+1) = 30$$

방법①
$$2(x+1) = 30$$
$$2x + 2 = 30$$
$$2x = 28$$
분배법칙으로 괄호를 풀어서 계산하기

방법②
양변을 2로 나누어 계산하기
$$2(x+1) = 30$$
$$\frac{2(x+1)}{2} = \frac{30}{2}$$
$$x + 1 = 15$$

$$x = 14$$ ⚠ 방법은 달라도 결과는 같아요!

계산에 주의해야 하는 일차방정식 ②   **(괄호) 안에 소수가 있을 때**

$$-8 = 4(x + 0.6)$$

소수 한 자리 수 ----- ➡ 양변에 10을 곱하기

방법① 양변에 10을 바로 곱하기
$$10 \times (-8) = \{4(x+0.6)\} \times 10$$
$$-80 = 40(x+0.6)$$

방법② 괄호를 먼저 풀고, 10을 곱하기
$$-8 = 4x + 2.4$$
$$10 \times (-8) = (4x + 2.4) \times 10$$

$$-80 = 40x + 24$$
$$-104 = 40x$$
$$x = -\frac{13}{5}$$

▶ 개념 익히기 1

등식의 성질을 이용하여 방정식의 해를 구하려고 합니다. 빈칸을 알맞게 채우세요.

01

$$0.9(x+4) = 1$$

$$\boxed{10} \times 0.9(x+4) = 1 \times \boxed{10}$$

$$\boxed{9}(x+4) = \boxed{10}$$

02

$$0.6(1-x) = 8$$

$$\boxed{10} \times 0.6(1-x) = 8 \times \boxed{10}$$

$$\boxed{6}(1-x) = \boxed{80}$$

03

$$0.07(x-2) = 0.9$$

$$100 \times 0.07(x-2) = 0.9 \times 100$$

$$\boxed{7}(x-2) = \boxed{90}$$

▶ 개념 익히기 2

일차방정식에서 소수에 모두 ○표 하고, 소수를 정수로 만들기 위해 양변에 곱해야 할 수를 찾아 ○표 하세요.

01

$$0.01x = 2(x + 0.2)$$

| 10 | (100) |

02

$$0.3x = 3(x + 1.2)$$

| (10) | 25 |

03

$$32 = 5(0.01x + 0.7)$$

| 10 | (100) |

▶정답 및 해설 31쪽

▶ 개념 다지기 1

빈칸에 알맞은 수를 써서 일차방정식을 푸세요.

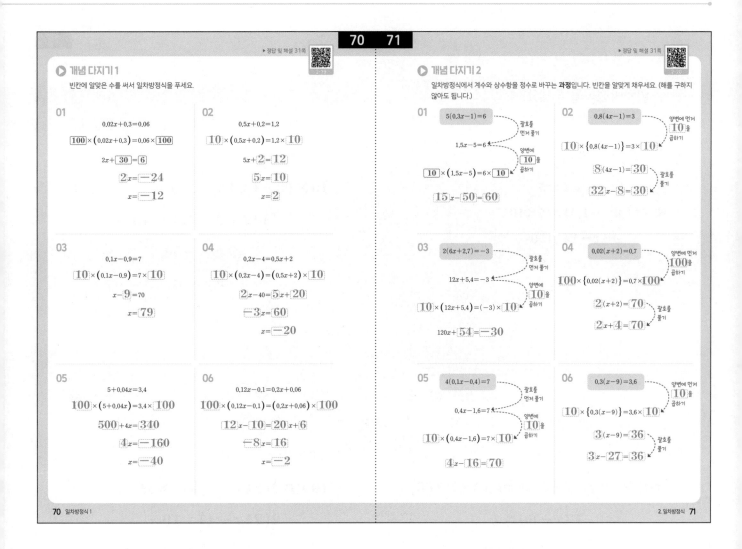

01

$0.02x+0.3=0.06$

$\boxed{100}\times(0.02x+0.3)=0.06\times\boxed{100}$

$2x+\boxed{30}=\boxed{6}$

$\boxed{2}x=\boxed{-24}$

$x=\boxed{-12}$

02

$0.5x+0.2=1.2$

$\boxed{10}\times(0.5x+0.2)=1.2\times\boxed{10}$

$5x+\boxed{2}=\boxed{12}$

$\boxed{5}x=\boxed{10}$

$x=\boxed{2}$

03

$0.1x-0.9=7$

$\boxed{10}\times(0.1x-0.9)=7\times\boxed{10}$

$x-\boxed{9}=70$

$x=\boxed{79}$

04

$0.2x-4=0.5x+2$

$\boxed{10}\times(0.2x-4)=(0.5x+2)\times\boxed{10}$

$\boxed{2}x-40=\boxed{5}x+\boxed{20}$

$\boxed{-3}x=\boxed{60}$

$x=\boxed{-20}$

05

$5+0.04x=3.4$

$\boxed{100}\times(5+0.04x)=3.4\times\boxed{100}$

$\boxed{500}+4x=\boxed{340}$

$\boxed{4}x=\boxed{-160}$

$x=\boxed{-40}$

06

$0.12x-0.1=0.2x+0.06$

$\boxed{100}\times(0.12x-0.1)=(0.2x+0.06)\times\boxed{100}$

$\boxed{12}x-\boxed{10}=\boxed{20}x+6$

$\boxed{-8}x=\boxed{16}$

$x=\boxed{-2}$

▶ 개념 다지기 2

일차방정식에서 계수와 상수항을 정수로 바꾸는 **과정**입니다. 빈칸을 알맞게 채우세요. (해를 구하지 않아도 됩니다.)

▶정답 및 해설 31쪽

01

$5(0.3x-1)=6$

괄호를 먼저 풀기

$1.5x-5=6$

양변에 $\boxed{10}$ 을 곱하기

$\boxed{10}\times(1.5x-5)=6\times\boxed{10}$

$\boxed{15}x-\boxed{50}=\boxed{60}$

02

$0.8(4x-1)=3$

양변에 먼저 $\boxed{10}$ 을 곱하기

$\boxed{10}\times\{0.8(4x-1)\}=3\times\boxed{10}$

$\boxed{8}(4x-1)=\boxed{30}$

괄호를 풀기

$\boxed{32}x-\boxed{8}=\boxed{30}$

03

$2(6x+2.7)=-3$

괄호를 먼저 풀기

$12x+5.4=-3$

양변에 $\boxed{10}$ 을 곱하기

$\boxed{10}\times(12x+5.4)=(-3)\times\boxed{10}$

$120x+\boxed{54}=\boxed{-30}$

04

$0.02(x+2)=0.7$

양변에 먼저 $\boxed{100}$ 을 곱하기

$100\times\{0.02(x+2)\}=0.7\times\boxed{100}$

$\boxed{2}(x+2)=\boxed{70}$

괄호를 풀기

$\boxed{2}x+\boxed{4}=\boxed{70}$

05

$4(0.1x-0.4)=7$

괄호를 먼저 풀기

$0.4x-1.6=7$

양변에 $\boxed{10}$ 을 곱하기

$\boxed{10}\times(0.4x-1.6)=7\times\boxed{10}$

$\boxed{4}x-\boxed{16}=\boxed{70}$

06

$0.3(x-9)=3.6$

양변에 먼저 $\boxed{10}$ 을 곱하기

$\boxed{10}\times\{0.3(x-9)\}=3.6\times\boxed{10}$

$\boxed{3}(x-9)=\boxed{36}$

괄호를 풀기

$\boxed{3}x-\boxed{27}=\boxed{36}$

▶ 개념 마무리 1

일차방정식을 푸세요.

01
$$2(0.8x-0.7)=5$$
$$1.6x-1.4=5$$
$$10\times(1.6x-1.4)=5\times10$$
$$16x-14=50$$
$$16x=64$$
$$x=4$$

답: $x=4$

02
$$3x+0.9=2.1x-4.5$$
$$10\times(3x+0.9)=(2.1x-4.5)\times10$$
$$30x+9=21x-45$$
$$9x=-54$$
$$x=-6$$

답: $x=-6$

03
$$0.13x-0.6=0.01x$$
$$100\times(0.13x-0.6)=0.01x\times100$$
$$13x-60=x$$
$$12x=60$$
$$x=5$$

답: $x=5$

04
$$0.2(21x-4)=1$$
$$10\times0.2(21x-4)=1\times10$$
$$2(21x-4)=10$$
$$42x-8=10$$
$$42x=18$$
$$x=\frac{3}{7}$$

답: $x=\frac{3}{7}$

05
$$9(0.8x-1)=1.2x$$
$$7.2x-9=1.2x$$
$$10\times(7.2x-9)=1.2x\times10$$
$$72x-90=12x$$
$$60x=90$$
$$x=\frac{3}{2}$$

답: $x=\frac{3}{2}$

06
$$0.5x+0.9=3(0.3x-0.5)$$
$$0.5x+0.9=0.9x-1.5$$
$$10\times(0.5x+0.9)=(0.9x-1.5)\times10$$
$$5x+9=9x-15$$
$$-4x=-24$$
$$x=6$$

답: $x=6$

▶ 개념 마무리 2

일차방정식의 풀이 과정이 바르게 된 것에는 ○표, 잘못된 것에는 ×표를 하고,
바르게 풀어 해를 구하세요.

$0.3x-2=3(0.2x-0.3)$

$3x-\overset{20}{\cancel{2}}=30(0.2x-0.3) \longrightarrow 3x-20=30(0.2x-0.3)$

$3x-2=6x-9 \qquad\qquad 3x-20=6x-9$

$-3x=-7 \qquad\qquad\qquad -3x=11$

$x=\dfrac{7}{3} \qquad\qquad\qquad x=-\dfrac{11}{3}$

$\boxed{\times}$

$0.12x-0.1=0.2x-0.02$

$12x-10=20x-2$

$-8=8x$

$x=-1$

$\boxed{○}$

$0.05x-0.5=0.75$

$5x-\overset{50}{\cancel{5}}=75 \longrightarrow 5x-50=75$

$5x=80 \qquad\qquad 5x=125$

$x=16 \qquad\qquad x=25$

$\boxed{\times}$

$0.7x+1.1=-(19+6x)$

$7x+11=-10(19+6x)$

$7x+11=-190-60x$

$67x=-201$

$x=-3$

$\boxed{○}$

$4(0.5x-0.1)=0.2(2x+2)$

$40(0.5x-0.1)=2(2x+2)$

$20x-4=4x+4$

$16\,\cancel{24}x=8 \longrightarrow 16x=8$

$x=\dfrac{1}{3} \qquad x=\dfrac{1}{2}$

$\boxed{\times}$

6　계수가 분수인 일차방정식 (1)

▶ 정답 및 해설 34쪽

⭐ 계수가 분수이면?

분모 2와 3을 동시에 없앨 수 있는 6을 양변에 곱하기

$$\frac{1}{2}x + 1 = \frac{2}{3}x$$

$$6 \times \left(\frac{1}{2}x + 1\right) = \left(\frac{2}{3}x\right) \times 6$$

계수를 정수로 바꿔서 푸는 거구나!

$$3x + 6 = 4x$$

$$x = 6$$

(식)에 분수가 곱해졌다면?

$$\frac{5}{6}x - 1 = \frac{3}{4}(x - 2)$$

분모 6과 4의 최소공배수인 12를 양변에 곱하기

$$12 \times \left(\frac{5}{6}x - 1\right) = \left(\frac{3}{4}(x-2)\right) \times 12$$

$$\overset{2}{12} \times \frac{5}{\underset{1}{6}}x \qquad 12 \times (-1) \qquad \Rightarrow \frac{3}{\underset{1}{4}} \times \overset{3}{12} \times (x-2)$$

세 수의 곱셈

$$10x - 12 = 9(x-2)$$

$$10x - 12 = 9x - 18$$

$$x = -6$$

▶ 개념 익히기 1

일차방정식의 계수를 정수로 만들기 위해 양변에 같은 수를 곱하려고 합니다. 알맞은 수에 ○표 하세요.

01

$$\frac{9}{4}x = \frac{1}{2}x - 6$$

| 2 | 3 | ④ |

02

$$\frac{1}{5}x = 3 - \frac{2}{3}x$$

| 10 | ⑮ | 35 |

03

$$\frac{7}{10}x + 10 = \frac{5}{6}x$$

| ㉚ | 15 | 10 |

▶ 개념 익히기 2

빈칸에 알맞은 수를 쓰세요.

01

$$\left\{\frac{3}{2}(x-2)\right\} \times 12$$

수끼리 먼저 계산하기

$$\Rightarrow \boxed{18} \times (x-2)$$

02

$$5 \times \left\{\frac{7}{5}(3+6x)\right\}$$

수끼리 먼저 계산하기

$$\Rightarrow \boxed{7} \times (3+6x)$$

03

$$\left\{\frac{15}{8}(4-x)\right\} \times 16$$

수끼리 먼저 계산하기

$$\Rightarrow \boxed{30} \times (4-x)$$

▶ 정답 및 해설 34쪽

▶ 개념 다지기 1

분모의 최소공배수를 양변에 곱하여 일차방정식을 풀려고 합니다. 빈칸에 알맞은 수를 쓰세요.

01

$$30 \times \frac{2}{15}x = \left(-\frac{1}{6}x + 3\right) \times 30$$

$$\boxed{4}x = \boxed{-5}x + 90$$

$$\boxed{9}x = 90$$

$$x = \boxed{10}$$

02

$$14 \times \left(\frac{1}{2}x - 1\right) = \frac{2}{7} \times 14$$

$$\boxed{7}x - 14 = \boxed{4}$$

$$\boxed{7}x = \boxed{18}$$

$$x = \boxed{\frac{18}{7}}$$

03

$$15 \times \left(-\frac{3}{5}x - \frac{8}{5}\right) = \left(-\frac{x}{3}\right) \times 15$$

$$\boxed{-9}x - \boxed{24} = \boxed{-5}x$$

$$\boxed{-4}x = \boxed{24}$$

$$x = \boxed{-6}$$

04

$$30 \times \frac{1}{10}x = \left(\frac{1}{6}x + 4\right) \times 30$$

$$\boxed{3}x = 5x + \boxed{120}$$

$$\boxed{-2}x = \boxed{120}$$

$$x = \boxed{-60}$$

05

$$6 \times \left(\frac{x}{2} - 1\right) = \left(\frac{7}{6} - \frac{1}{3}x\right) \times 6$$

$$3x - \boxed{3} = 7 - \boxed{2}x$$

$$\boxed{5}x = \boxed{10}$$

$$x = \boxed{2}$$

06

$$12 \times \left(\frac{1}{4} - \frac{5}{6}x\right) = \left(-\frac{3}{2}x + \frac{2}{3}\right) \times 12$$

$$\boxed{3} - \boxed{10}x = -18x + \boxed{8}$$

$$\boxed{8}x = \boxed{5}$$

$$x = \boxed{\frac{5}{8}}$$

▶ 개념 다지기 2

일차방정식의 계수를 정수로 바꾸려고 합니다. 빈칸에 알맞은 수를 쓰세요.

01

$$\frac{7}{12}x + 2 = \frac{5}{2}(x-1)$$

$$\boxed{12} \times \left(\frac{7}{12}x + 2\right) = \left\{\frac{5}{2}(x-1)\right\} \times \boxed{12}$$

수끼리 먼저 계산

$$\boxed{12} \times 2$$

$$7x + 24 = \boxed{30}(x-1)$$

$$7x + 24 = \boxed{30}x - \boxed{30}$$

02

$$\frac{1}{4}(x+3) = \frac{2}{3}x + 2$$

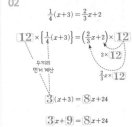

$$\boxed{12} \times \left\{\frac{1}{4}(x+3)\right\} = \left(\frac{2}{3}x + 2\right) \times \boxed{12}$$

수끼리 먼저 계산

$$\boxed{3}(x+3) = \boxed{8}x + 24$$

$$3x + 9 = \boxed{8}x + 24$$

03

$$\frac{1}{2}(x-7) = \frac{1}{5}(2x+1)$$

$$\boxed{10} \times \left\{\frac{1}{2}(x-7)\right\} = \left\{\frac{1}{5}(2x+1)\right\} \times \boxed{10}$$

수끼리 먼저 계산　　수끼리 먼저 계산

$$\boxed{5}(x-7) = \boxed{2}(2x+1)$$

$$\boxed{5}x - 35 = \boxed{4}x + 2$$

04

$$-\frac{2}{3}(x-1) = \frac{1}{9}x + 6$$

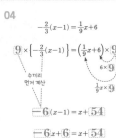

$$\boxed{9} \times \left\{-\frac{2}{3}(x-1)\right\} = \left(\frac{1}{9}x + 6\right) \times \boxed{9}$$

수끼리 먼저 계산

$$\boxed{-6}(x-1) = x + \boxed{54}$$

$$\boxed{-6}x + 6 = x + \boxed{54}$$

▶ 개념 마무리 1

일차방정식을 푸세요.

01 $\frac{4}{3}x - \frac{1}{2} = -\frac{1}{6}$

$$6 \times \left(\frac{4}{3}x - \frac{1}{2}\right) = \left(-\frac{1}{6}\right) \times 6$$
$$8x - 3 = -1$$
$$8x = 2$$
$$x = \frac{1}{4}$$

답: $x = \dfrac{1}{4}$

02 $\frac{4}{5} + \frac{3}{10}x = -1$

$$10 \times \left(\frac{4}{5} + \frac{3}{10}x\right) = (-1) \times 10$$
$$8 + 3x = -10$$
$$3x = -18$$
$$x = -6$$

답: $x = -6$

03 $\frac{1}{4}x + 2 = \frac{1}{14}x - 3$

$$28 \times \left(\frac{1}{4}x + 2\right) = \left(\frac{1}{14}x - 3\right) \times 28$$
$$7x + 56 = 2x - 84$$
$$5x = -140$$
$$x = -28$$

답: $x = -28$

04 $\frac{4}{5}x - 2 = \frac{2}{3}(x+3)$

$$15 \times \left(\frac{4}{5}x - 2\right) = 15 \times \frac{2}{3}(x+3)$$
$$12x - 30 = 10(x+3)$$
$$12x - 30 = 10x + 30$$
$$2x = 60$$
$$x = 30$$

답: $x = 30$

05 $2\left(x + \frac{1}{3}\right) = -x - \frac{5}{6}$

$$6 \times 2\left(x + \frac{1}{3}\right) = 6 \times \left(-x - \frac{5}{6}\right)$$
$$12\left(x + \frac{1}{3}\right) = -6x - 5$$
$$12x + 4 = -6x - 5$$
$$18x = -9$$
$$x = -\frac{1}{2}$$

답: $x = -\dfrac{1}{2}$

06 $\frac{1}{8}(x-6) = 3\left(\frac{1}{4}x - \frac{3}{2}\right)$

$$8 \times \frac{1}{8}(x-6) = 8 \times 3\left(\frac{1}{4}x - \frac{3}{2}\right)$$
$$x - 6 = 24\left(\frac{1}{4}x - \frac{3}{2}\right)$$
$$x - 6 = 6x - 36$$
$$-5x = -30$$
$$x = 6$$

답: $x = 6$

79쪽 풀이

01

$$\frac{1}{2}x+2=\frac{1}{6}x+1$$

종우: 분모에 2와 6이 있으니까 12를 곱해서 계수를 정수로 만들면 돼. (○)

→ 양변에 2와 6의 공배수를 곱하면 되니까, 12를 곱해도 됨

지수: 분모의 최소공배수인 6을 곱하는 게 더 간단해. (○)

→ 양변에 2와 6의 최소공배수인 6을 곱하는 게 더 간단함

민희: 종우랑 지수의 방법으로 각각 구해보니까 방정식이 달라보이는데? 그러면 해도 다르게 나오겠네! (×)

→ 등식의 성질에 의해 양변에 12를 곱하든 6을 곱하든 등식은 변하지 않으므로, 해는 똑같이 나옴

방정식 풀기 → $\frac{1}{2}x+2=\frac{1}{6}x+1$

$$6\times\left(\frac{1}{2}x+2\right)=\left(\frac{1}{6}x+1\right)\times6$$
$$3x+12=x+6$$
$$2x=-6$$
$$x=-3$$

79

▶정답 및 해설 36쪽

개념 마무리 2

주어진 일차방정식의 풀이에 대한 대화입니다. 잘못 말한 사람의 이름을 쓰세요.

01

$$\frac{1}{2}x+2=\frac{1}{6}x+1$$

종우: 분모에 2와 6이 있으니까 12를 곱해서 계수를 정수로 만들면 돼.
지수: 분모의 최소공배수인 6을 곱하는 게 더 간단해.
민희: 종우랑 지수의 방법으로 각각 구해보니까 방정식이 달라 보이는데? 그러면 해도 다르게 나오겠다!

_____민희

02

$$\frac{1}{3}(3x-6)=5x+2$$

태리: 괄호를 먼저 풀면 $x-2=5x+2$가 되지.
윤찬: 괄호를 먼저 풀지 말고 양변에 3을 곱하면 $3x-6=15x+2$가 되지.
수호: 방정식의 해는 $x=-1$이야.

_____윤찬

03

$$4\left(\frac{3}{2}-x\right)=-4+\frac{1}{2}x$$

현아: 양변에 2를 곱하면 $8\left(\frac{3}{2}-x\right)=-8+x$가 되지.
자현: 양변에 2를 곱할 때, 좌변은 2를 괄호에 먼저 곱해서 $4(3-2x)=-8+x$로 만들 수 있어.
경호: 자현이가 만든 식으로 해를 구하니까 $x=2$야.

_____경호

2. 일차방정식 **79**

02

$$\frac{1}{3}(3x-6)=5x+2$$

태리: 괄호를 먼저 풀면 $x-2=5x+2$가 되지. (○)

윤찬: 괄호를 먼저 풀지 말고 양변에 3을 곱하면 $3x-6=15x+2$가 되지. (×)

→ $3\times\frac{1}{3}(3x-6)=(5x+2)\times3$

$3x-6=15x+6$

수호: 방정식의 해는 $x=-1$이야. (○)

방정식 풀기 → $\frac{1}{3}(3x-6)=5x+2$

$$3\times\frac{1}{3}(3x-6)=(5x+2)\times3$$
$$3x-6=15x+6$$
$$-12x=12$$
$$x=-1$$

03

$$4\left(\frac{3}{2}-x\right)=-4+\frac{1}{2}x$$

현아: 양변에 2를 곱하면 $8\left(\frac{3}{2}-x\right)=-8+x$가 되지. (○)

→ $2\times4\left(\frac{3}{2}-x\right)=\left(-4+\frac{1}{2}x\right)\times2$

$8\left(\frac{3}{2}-x\right)=-8+x$

자현: 양변에 2를 곱할 때, 좌변은 2를 괄호에 먼저 곱해서 $4(3-2x)=-8+x$로 만들 수 있어. (○)

→ $2\times4\left(\frac{3}{2}-x\right)=\left(-4+\frac{1}{2}x\right)\times2$

$4\times2\left(\frac{3}{2}-x\right)=\left(-4+\frac{1}{2}x\right)\times2$

$4(3-2x)=-8+x$

경호: 자현이가 만든 식으로 해를 구하니까 $x=2$야. (×)

방정식 풀기 → $4(3-2x)=-8+x$

$$12-8x=-8+x$$
$$-9x=-20$$
$$x=\frac{20}{9}$$

7 계수가 분수인 일차방정식 (2)

▶정답 및 해설 37쪽

★ 분자에 항이 여러 개 있으면?

분자를 하나의 덩어리로 생각하기!

$$\frac{2x+1}{3} - \frac{x-3}{2} = 1$$

$$6 \times \left(\frac{2x+1}{3} - \frac{x-3}{2} \right) = (①) \times 6$$

$$2\cancel{6} \times \frac{2x+1}{\cancel{3}_1}$$
$$3\cancel{6} \times \frac{x-3}{\cancel{2}_1}$$

$$2(2x+1) - 3(x-3) = 6$$

$$4x+2-3x+9 = 6$$

$$x = -5$$

계수에 분수와 소수가 섞여 있으면?

$$\frac{2}{3}(x-0.1) = \frac{3}{5}x - 0.3(x-1)$$

분모 3을 없앨 수 있게 3의 배수를 양변에 곱하기

분모 5를 없앨 수 있게 5의 배수를 양변에 곱하기

0.3이 정수가 되게 10의 배수를 양변에 곱하기

3 , 5 , 10 의 최소공배수인 30을 양변에 곱하기

$$30 \times \left\{ \frac{2}{3}(x-0.1) \right\} = \left\{ \frac{3}{5}x - 0.3(x-1) \right\} \times 30$$

$$20(x-0.1) = 18x - 9(x-1)$$

$$20x - 2 = 18x - 9x + 9$$

$$11x = 11$$

$$x = 1$$

복잡한 계수는 정수로 바꿔서 풀기~

▶ 개념 익히기 1

양변에 알맞은 수를 곱해서 식의 모양을 바꾸려고 합니다. 빈칸을 알맞게 채우세요.

01
$$\frac{4x-9}{3} = \frac{1}{2}$$

$$\boxed{6}^2 \times \frac{4x-9}{\cancel{3}} = \frac{1}{\cancel{2}} \times \boxed{6}^3$$

$$\boxed{2} \times (4x-9) = \boxed{3}$$

02
$$\frac{5x+8}{3} = \frac{3x}{4}$$

$$\boxed{12}^4 \times \frac{5x+8}{\cancel{3}} = \frac{3x}{\cancel{4}} \times \boxed{12}^3$$

$$\boxed{4} \times (5x+8) = 3x \times \boxed{3}$$

03
$$\frac{-x-6}{5} = \frac{2x-10}{6}$$

$$\boxed{30}^6 \times \frac{-x-6}{\cancel{5}} = \frac{2x-10}{\cancel{6}} \times \boxed{30}^5$$

$$\boxed{6} \times (-x-6) = (2x-10) \times \boxed{5}$$

▶ 개념 익히기 2

양변에 알맞은 수를 곱해서 방정식의 계수를 정수로 바꾸려고 합니다. 빈칸을 알맞게 채우세요.

01
$$\frac{2}{7}(4x-1) = 0.1(x-1)$$

양변에 $\boxed{7}$과 $\boxed{10}$의 최소공배수인 $\boxed{70}$을 곱하기

02
$$\frac{4}{5}x+3 = 0.8(3x+4)$$

양변에 $\boxed{5}$와 $\boxed{10}$의 최소공배수인 $\boxed{10}$을 곱하기

03
$$1.6x-6 = \frac{1}{9}(5-3x)$$

양변에 $\boxed{10}$과 $\boxed{9}$의 최소공배수인 $\boxed{90}$을 곱하기

▶정답 및 해설 37쪽

▶ 개념 다지기 1

빈칸에 알맞은 수를 쓰고, 일차방정식을 푸세요.

01
$$\frac{6x-1}{2} + \frac{5x-6}{5} = 2$$

$$\boxed{10} \times \left(\frac{6x-1}{2} + \frac{5x-6}{5} \right) = 2 \times \boxed{10}$$

$$\boxed{5} \times (6x-1) + \boxed{2} \times (5x-6) = \boxed{20}$$

$$\Rightarrow 30x-5+10x-12 = 20$$
$$40x = 37$$
$$x = \frac{37}{40}$$

답: $x = \dfrac{37}{40}$

02
$$\frac{x-2}{3} + \frac{3x+1}{4} = -1$$

$$\boxed{12} \times \left(\frac{x-2}{3} + \frac{3x+1}{4} \right) = (-1) \times \boxed{12}$$

$$\boxed{4} \times (x-2) + \boxed{3} \times (3x+1) = \boxed{-12}$$

$$\Rightarrow 4x-8+9x+3 = -12$$
$$13x-5 = -12$$
$$13x = -7$$
$$x = -\frac{7}{13}$$

답: $x = -\dfrac{7}{13}$

03
$$\frac{x-1}{2} - \frac{3x-8}{3} = 1$$

$$\boxed{6} \times \left(\frac{x-1}{2} - \frac{3x-8}{3} \right) = 1 \times \boxed{6}$$

$$\boxed{3} \times (x-1) - \boxed{2} \times (3x-8) = \boxed{6}$$

$$\Rightarrow 3x-3-6x+16 = 6$$
$$-3x+13 = 6$$
$$-3x = -7$$
$$x = \frac{7}{3}$$

답: $x = \dfrac{7}{3}$

04
$$\frac{2x-1}{3} - \frac{2x+4}{5} = 5$$

$$\boxed{15} \times \left(\frac{2x-1}{3} - \frac{2x+4}{5} \right) = 5 \times \boxed{15}$$

$$\boxed{5} \times (2x-1) - \boxed{3} \times (2x+4) = \boxed{75}$$

$$\Rightarrow 10x-5-6x-12 = 75$$
$$4x-17 = 75$$
$$4x = 92$$
$$x = 23$$

답: $x = 23$

▶ 개념 다지기 2

빈칸에 알맞은 수를 쓰고, 일차방정식을 푸세요.

01
$$\frac{1}{6}(x-8) = \frac{3}{2}x - 0.3(x+1)$$

양변에 $\boxed{6}$, $\boxed{2}$, $\boxed{10}$의 최소공배수 $\boxed{30}$을 곱하기

$$\boxed{5} \times (x-8) = \boxed{45} - 9(x+1)$$

$$\Rightarrow 5x-40 = 45x-9x-9$$
$$5x-40 = 36x-9$$
$$-31x = 31$$
$$x = -1$$

답: $x = -1$

02
$$\frac{1}{7}(x+6) = 0.1(x+9)$$

양변에 $\boxed{7}$, $\boxed{10}$의 최소공배수 $\boxed{70}$을 곱하기

$$\boxed{10} \times (x+6) = \boxed{7}(x+9)$$

$$\Rightarrow 10x+60 = 7x+63$$
$$3x = 3$$
$$x = 1$$

답: $x = 1$

03
$$\frac{x}{5} - \frac{x-3}{2} = 1.2$$

양변에 $\boxed{5}$, $\boxed{2}$, $\boxed{10}$의 최소공배수 $\boxed{10}$을 곱하기

$$\boxed{2} \times -\boxed{5} \times (x-3) = \boxed{12}$$

$$\Rightarrow 2x-5x+15 = 12$$
$$-3x+15 = 12$$
$$-3x = -3$$
$$x = 1$$

답: $x = 1$

04
$$\frac{1}{8}(x-2) + 0.5 = \frac{3}{2}$$

양변에 $\boxed{8}$, $\boxed{10}$, $\boxed{2}$의 최소공배수 $\boxed{40}$을 곱하기

$$\boxed{5} \times (x-2) + \boxed{20} = \boxed{60}$$

$$\Rightarrow 5x-10+20 = 60$$
$$5x+10 = 60$$
$$5x = 50$$
$$x = 10$$

답: $x = 10$

84쪽 풀이

①
$$\frac{2x+11}{4}=3+\frac{3x+8}{7}$$

$$28\times\frac{2x+11}{4}=\left(3+\frac{3x+8}{7}\right)\times28$$
$$7(2x+11)=84+4(3x+8)$$
$$14x+77=84+12x+32$$
$$14x-12x=84+32-77$$
$$2x=39$$
$$x=\frac{39}{2}$$

$$3(x-13)=x$$

$$3x-39=x$$
$$2x=39$$
$$x=\frac{39}{2}$$

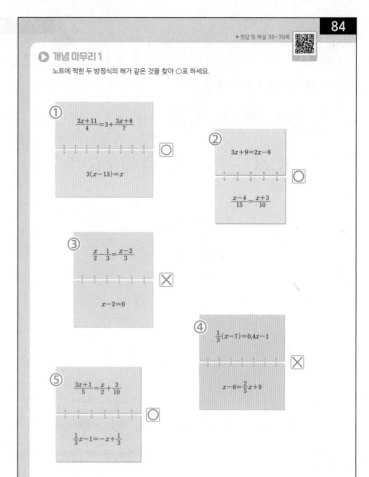

②
$$3x+9=2x-8$$

$$x=-17$$

$$\frac{x-4}{15}=\frac{x+3}{10}$$

$$30\times\frac{x-4}{15}=\frac{x+3}{10}\times30$$
$$2(x-4)=3(x+3)$$
$$2x-8=3x+9$$
$$-x=17$$
$$x=-17$$

③
$$\frac{x}{2}-\frac{1}{3}=\frac{x-2}{3}$$

$$6\times\left(\frac{x}{2}-\frac{1}{3}\right)=\frac{x-2}{3}\times6$$
$$3x-2=2(x-2)$$
$$3x-2=2x-4$$
$$x=-2$$

$$x-2=0$$

$$x=2$$

④
$$\frac{1}{3}(x-7)=0.4x-1$$

$$30 \times \frac{1}{3}(x-7)=(0.4x-1) \times 30$$
$$10(x-7)=12x-30$$
$$10x-70=12x-30$$
$$-2x=40$$
$$x=-20$$

$$x-6=\frac{2}{5}x+9$$

$$5 \times (x-6)=\left(\frac{2}{5}x+9\right) \times 5$$
$$5x-30=2x+45$$
$$3x=75$$
$$x=25$$

⑤
$$\frac{3x+1}{5}=\frac{x}{2}+\frac{3}{10}$$

$$10 \times \frac{3x+1}{5}=\left(\frac{x}{2}+\frac{3}{10}\right) \times 10$$
$$2(3x+1)=5x+3$$
$$6x+2=5x+3$$
$$x=1$$

$$\frac{1}{3}x-1=-x+\frac{1}{3}$$

$$3 \times \left(\frac{1}{3}x-1\right)=\left(-x+\frac{1}{3}\right) \times 3$$
$$x-3=-3x+1$$
$$4x=4$$
$$x=1$$

▶ 개념 마무리 2

일차방정식을 푸세요.

01

$$\frac{4}{5}x = \frac{2x+1}{3} - (0.1x - 2)$$

$$30 \times \frac{4}{5}x = \left\{\frac{2x+1}{3} - (0.1x - 2)\right\} \times 30$$

$$24x = 10(2x+1) - 30(0.1x - 2)$$

$$24x = 20x + 10 - 3x + 60$$

$$24x = 17x + 70$$

$$7x = 70$$

$$x = 10$$

답: $x = 10$

02

$$\frac{2x-3}{6} = 0.2x - \frac{4}{5}$$

$$30 \times \frac{2x-3}{6} = \left(0.2x - \frac{4}{5}\right) \times 30$$

$$5(2x-3) = 6x - 24$$

$$10x - 15 = 6x - 24$$

$$4x = -9$$

$$x = -\frac{9}{4}$$

답: $x = -\frac{9}{4}$

03

$$\frac{11}{25}x + 0.04 = \frac{x-1}{2}$$

$$100 \times \left(\frac{11}{25}x + 0.04\right) = \frac{x-1}{2} \times 100$$

$$44x + 4 = 50(x-1)$$

$$44x + 4 = 50x - 50$$

$$-6x = -54$$

$$x = 9$$

답: $x = 9$

04

$$\frac{9x-11}{5} - 3(x+6) = 1.8x - 5.2$$

$$10 \times \left\{\frac{9x-11}{5} - 3(x+6)\right\} = (1.8x - 5.2) \times 10$$

$$2(9x-11) - 30(x+6) = 18x - 52$$

$$18x - 22 - 30x - 180 = 18x - 52$$

$$\cancel{18x} - 30x - \cancel{18x} = -52 + 22 + 180$$

$$-30x = -30 + 180$$

$$-30x = 150$$

$$x = -5$$

답: $x = -5$

8 일차방정식의 응용

▶ 정답 및 해설 41쪽

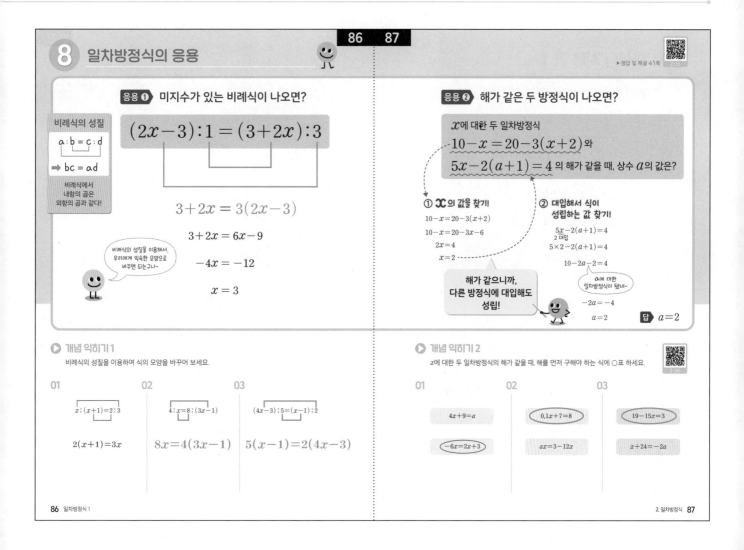

응용 ① 미지수가 있는 비례식이 나오면?

비례식의 성질

$a:b=c:d$

➡ $bc=ad$

비례식에서
내항의 곱은
외항의 곱과 같다!

$$(2x-3):1=(3+2x):3$$

$$3+2x=3(2x-3)$$

$$3+2x=6x-9$$

$$-4x=-12$$

$$x=3$$

비례식의 성질을 이용해서,
우리에게 익숙한 모양으로
바꾸면 되는구나~

응용 ② 해가 같은 두 방정식이 나오면?

x에 대한 두 일차방정식

$10-x=20-3(x+2)$와

$5x-2(a+1)=4$ 의 해가 같을 때, 상수 a의 값은?

① x의 값을 찾기!

$10-x=20-3(x+2)$

$10-x=20-3x-6$

$2x=4$

$x=2$

해가 같으니까,
다른 방정식에 대입해도
성립!

② 대입해서 식이
성립하는 값 찾기!

$5x-2(a+1)=4$
2 대입

$5\times2-2(a+1)=4$

$10-2a-2=4$

a에 대한
일차방정식이 됐네~

$-2a=-4$

$a=2$

답 $a=2$

▶ **개념 익히기 1**

비례식의 성질을 이용하여 식의 모양을 바꾸어 보세요.

01
$x:(x+1)=2:3$

$2(x+1)=3x$

02
$4:x=8:(3x-1)$

$8x=4(3x-1)$

03
$(4x-3):5=(x-1):2$

$5(x-1)=2(4x-3)$

▶ **개념 익히기 2**

x에 대한 두 일차방정식의 해가 같을 때, 해를 먼저 구해야 하는 식에 ○표 하세요.

01
$4x+9=a$

$-6x=2x+3$

02
$0.1x+7=8$

$ax=3-12x$

03
$19-15x=3$

$x+24=-2a$

▶ 개념 다지기 1

주어진 비례식을 만족시키는 x의 값을 구하세요.

01 $(7x-2):6=(2x+3):2$

$$6(2x+3)=2(7x-2)$$
$$12x+18=14x-4$$
$$-2x=-22$$
$$x=11$$

답: $x=11$

02 $3:5=(x-4):4x$

$$5(x-4)=12x$$
$$5x-20=12x$$
$$-20=7x$$
$$x=-\frac{20}{7}$$

답: $x=-\dfrac{20}{7}$

03 $4:(x-1)=2:(x+3)$

$$2(x-1)=4(x+3)$$
$$2x-2=4x+12$$
$$-2x=14$$
$$x=-7$$

답: $x=-7$

04 $(2x+1):(x-9)=5:2$

$$5(x-9)=2(2x+1)$$
$$5x-45=4x+2$$
$$x=47$$

답: $x=47$

05 $1:(5x-6)=3:(x+10)$

$$3(5x-6)=x+10$$
$$15x-18=x+10$$
$$14x=28$$
$$x=2$$

답: $x=2$

06 $9:4=5x:(x-11)$

$$20x=9(x-11)$$
$$20x=9x-99$$
$$11x=-99$$
$$x=-9$$

답: $x=-9$

▶ 개념 다지기 2

x에 대한 두 일차방정식의 해가 같을 때, 방정식의 해를 구하고 상수 a의 값을 구하세요.

01

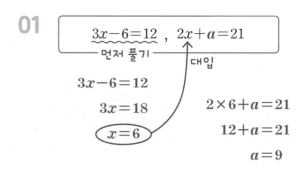

$$3x-6=12$$
$$3x=18$$
$$x=6$$

$$2\times 6+a=21$$
$$12+a=21$$
$$a=9$$

➡ 방정식의 해: $x=6$

$a=9$

02

$$-4x+1=-15 \ , \ 5x+12=-8a$$
먼저 풀기   대입

$$-4x+1=-15$$
$$-4x=-16$$
$$x=4$$

$$5\times 4+12=-8a$$
$$20+12=-8a$$
$$32=-8a$$
$$a=-4$$

➡ 방정식의 해: $x=4$

$a=-4$

03

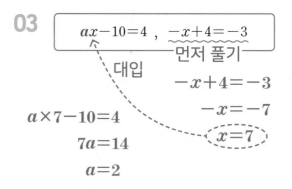

$$-x+4=-3$$
$$-x=-7$$
$$x=7$$

$$a\times 7-10=4$$
$$7a=14$$
$$a=2$$

➡ 방정식의 해: $x=7$

$a=2$

04

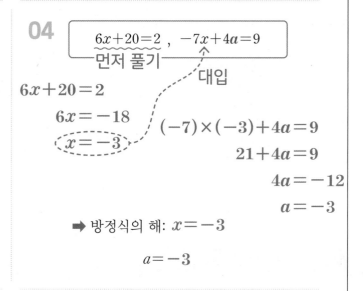

$$6x+20=2$$
$$6x=-18$$
$$x=-3$$

$$(-7)\times(-3)+4a=9$$
$$21+4a=9$$
$$4a=-12$$
$$a=-3$$

➡ 방정식의 해: $x=-3$

$a=-3$

05

$$ax-7x=12 \ , \ 15-5x=5$$
대입   먼저 풀기

$$15-5x=5$$
$$-5x=-10$$
$$x=2$$

$$a\times 2-7\times 2=12$$
$$2a-14=12$$
$$2a=26$$
$$a=13$$

➡ 방정식의 해: $x=2$

$a=13$

06

$$3+10x=33 \ , \ -2x+8a=14a$$
먼저 풀기   대입

$$3+10x=33$$
$$10x=30$$
$$x=3$$

$$(-2)\times 3+8a=14a$$
$$-6+8a=14a$$
$$-6=6a$$
$$a=-1$$

➡ 방정식의 해: $x=3$

$a=-1$

90쪽 풀이

① $(2x-3):1=(12-x):3$

$$12-x=3(2x-3)$$
$$12-x=6x-9$$
$$-7x=-21$$
$$x=3$$

② $(4x+5):(x+3)=1:2$

$$x+3=2(4x+5)$$
$$x+3=8x+10$$
$$-7x=7$$
$$x=-1$$

③ $2:(6-x)=3:(3-x)$

$$3(6-x)=2(3-x)$$
$$18-3x=6-2x$$
$$-x=-12$$
$$x=12$$

④ $\dfrac{2}{7}x-\dfrac{1}{35}=\dfrac{1}{5}x+1$

$$35\times\left(\dfrac{2}{7}x-\dfrac{1}{35}\right)=\left(\dfrac{1}{5}x+1\right)\times35$$
$$10x-1=7x+35$$
$$3x=36$$
$$x=12$$

⑤ $3x-4(x-6)=36$

$$3x-4x+24=36$$
$$-x+24=36$$
$$-x=12$$
$$x=-12$$

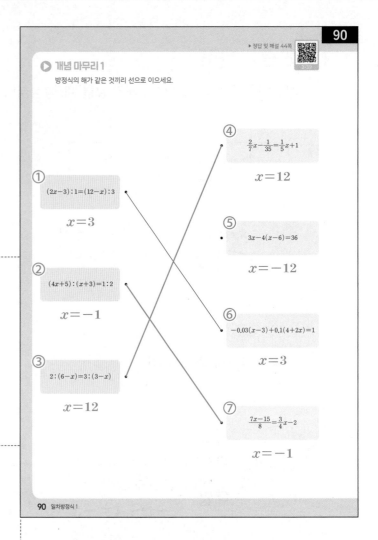

▶ 정답 및 해설 44쪽

90

▶ 개념 마무리 1

방정식의 해가 같은 것끼리 선으로 이으세요.

① $(2x-3):1=(12-x):3$
$x=3$

② $(4x+5):(x+3)=1:2$
$x=-1$

③ $2:(6-x)=3:(3-x)$
$x=12$

④ $\dfrac{2}{7}x-\dfrac{1}{35}=\dfrac{1}{5}x+1$
$x=12$

⑤ $3x-4(x-6)=36$
$x=-12$

⑥ $-0.03(x-3)+0.1(4+2x)=1$
$x=3$

⑦ $\dfrac{7x-15}{8}=\dfrac{3}{4}x-2$
$x=-1$

90 일차방정식 1

⑥ $-0.03(x-3)+0.1(4+2x)=1$

$$100\times\{-0.03(x-3)+0.1(4+2x)\}=1\times100$$
$$-3(x-3)+10(4+2x)=100$$
$$-3x+9+40+20x=100$$
$$17x+49=100$$
$$17x=51$$
$$x=3$$

⑦ $\dfrac{7x-15}{8}=\dfrac{3}{4}x-2$

$$8\times\dfrac{7x-15}{8}=\left(\dfrac{3}{4}x-2\right)\times8$$
$$7x-15=6x-16$$
$$x=-1$$

02

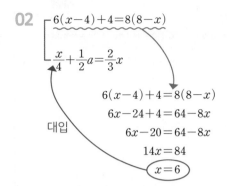

$$6(x-4)+4=8(8-x)$$
$$\frac{x}{4}+\frac{1}{2}a=\frac{2}{3}x$$

$$6(x-4)+4=8(8-x)$$
$$6x-24+4=64-8x$$
$$6x-20=64-8x$$
$$14x=84$$
$$\boxed{x=6}$$

대입

→ $x=6$을 대입하면

$$\frac{6}{4}+\frac{1}{2}a=\frac{2}{\overset{1}{3}}\times\overset{2}{6}$$
$$\frac{3}{2}+\frac{1}{2}a=4$$
$$2\times\left(\frac{3}{2}+\frac{1}{2}a\right)=4\times2$$
$$3+a=8$$
$$a=5$$

답 5

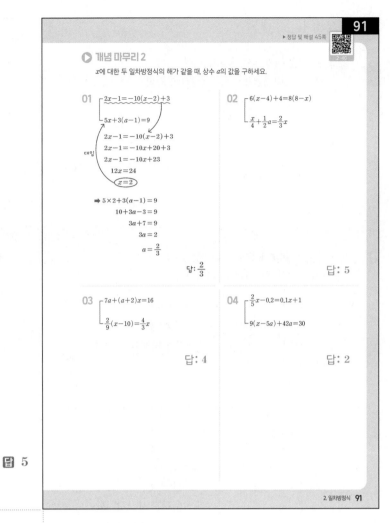

91

▶ 정답 및 해설 45쪽

▶ 개념 마무리 2

x에 대한 두 일차방정식의 해가 같을 때, 상수 a의 값을 구하세요.

01
$$2x-1=-10(x-2)+3$$
$$5x+3(a-1)=9$$

대입

$$2x-1=-10(x-2)+3$$
$$2x-1=-10x+20+3$$
$$2x-1=-10x+23$$
$$12x=24$$
$$\boxed{x=2}$$

$$\Rightarrow 5\times2+3(a-1)=9$$
$$10+3a-3=9$$
$$3a+7=9$$
$$3a=2$$
$$a=\frac{2}{3}$$

답: $\frac{2}{3}$

02
$$6(x-4)+4=8(8-x)$$
$$\frac{x}{4}+\frac{1}{2}a=\frac{2}{3}x$$

답: 5

03
$$7a+(a+2)x=16$$
$$\frac{2}{9}(x-10)=\frac{4}{3}x$$

답: 4

04
$$\frac{2}{5}x-0.2=0.1x+1$$
$$9(x-5a)+42a=30$$

답: 2

2. 일차방정식 **91**

03

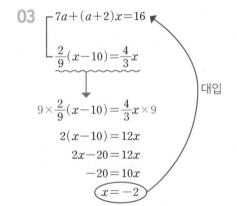

$$7a+(a+2)x=16$$
$$\frac{2}{9}(x-10)=\frac{4}{3}x$$

$$9\times\frac{2}{9}(x-10)=\frac{4}{3}x\times9$$
$$2(x-10)=12x$$
$$2x-20=12x$$
$$-20=10x$$
$$\boxed{x=-2}$$

대입

→ $x=-2$를 대입하면

$$7a+(a+2)\times(-2)=16$$
$$7a-2a-4=16$$
$$5a-4=16$$
$$5a=20$$
$$a=4$$

답 4

04

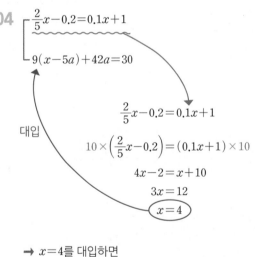

$$\frac{2}{5}x-0.2=0.1x+1$$
$$9(x-5a)+42a=30$$

$$\frac{2}{5}x-0.2=0.1x+1$$
$$10\times\left(\frac{2}{5}x-0.2\right)=(0.1x+1)\times10$$
$$4x-2=x+10$$
$$3x=12$$
$$\boxed{x=4}$$

대입

→ $x=4$를 대입하면

$$9(4-5a)+42a=30$$
$$36-45a+42a=30$$
$$-3a=-6$$
$$a=2$$

답 2

92쪽 풀이

01 ⑤ $x=-3$일 때 등식이 참이 됩니다. (×)

→ $9x+3=0$에 $x=-3$을 대입하여 확인

$9\times(-3)+3=-27+3$
$\qquad\qquad\quad =-24\neq 0$

답 ⑤

02 우변의 항을 전부 좌변으로 이항했을 때
(일차식)=0의 꼴이 되는지 확인하기

① $\quad x+5=x$
$\quad x+5-x=0$
$\qquad\qquad 5=0$
→ 문자가 사라지니까
일차방정식 아님

② $\quad 2x+6=6$
$\qquad 2x=0$
→ 일차방정식

③ $\quad 3x-1=x^2$
$-x^2+3x-1=0$
→ (이차식)=0이니까
일차방정식 아님

④ $\quad x=3x-2x$
$\qquad x=x$
$\qquad x-x=0$
$\qquad\quad 0=0$
→ 문자가 사라지니까
일차방정식 아님

⑤ $\dfrac{5}{x}-2=0$
→ 분모에 문자가
있으니까 일차방정식
아님

답 ②

03 $7-8(x+2)=10x$
$7-8x-16=10x$
$-8x-9=10x$
$-18x=9$
$x=-\dfrac{1}{2}$

답 $x=-\dfrac{1}{2}$

---

2. 일차방정식 ### 단원 마무리

01 식 $9x+3=0$에 대한 설명으로 옳지 않은 것은? ⑤

① 등식입니다.
② 문자가 있는 식입니다.
③ 일차방정식입니다.
④ x는 미지수입니다.
✓⑤ $x=-3$일 때 등식이 참이 됩니다.

02 다음 중 일차방정식인 것은? ②

① $x+5=x$
✓② $2x+6=6$
③ $3x-1=x^2$
④ $x=3x-2x$
⑤ $\dfrac{5}{x}-2=0$

03 다음 일차방정식을 푸시오.

$7-8(x+2)=10x$

$$x=-\dfrac{1}{2}$$

04 다음 등식에서 항등식을 모두 찾아 기호를 쓰시오. ㉢, ㉣

㉠ $5x-1=4x$
㉡ $2+10x=10x-2$
✓㉢ $3(1-x)=3-3x$
✓㉣ $6(x+2)-5x=x+12$

05 일차방정식 $0.2x+7=0.13x$의 양변에 같은 수를 곱해서 계수를 정수로 만들려고 합니다. 곱해야 하는 수 중에서 가장 작은 수를 쓰시오.

100

04 ※ 항등식은 좌변과 우변이 정확히 같거나 식의 양변이 0이어야 함

㉠ $5x-1=4x$
$\quad x-1=0$
→ 항등식 아님(방정식)

㉡ $2+10x=10x-2$
$10x-10x=-2-2$
$\qquad\quad 0=-4$
→ 항등식 아님

㉢ $3(1-x)=3-3x$
$\quad 3-3x=3-3x$
→ 좌변과 우변이
같으므로 항등식

㉣ $6(x+2)-5x=x+12$
$\quad 6x+12-5x=x+12$
$\qquad\quad x+12=x+12$
→ 좌변과 우변이
같으므로 항등식

답 ㉢, ㉣

05 $0.2x+7=0.13x$

소수   소수
한 자리 수   **두** 자리 수

따라서, 양변에 100을 곱하면 계수가 모두 정수가 됨

답 **100**

93쪽 풀이

06

$$1.8(x-2) = x+2$$

① 양변에 10을 곱하기

$$\boxed{18}(x-2) = 10x+20$$

②
$$18x - \boxed{36} = 10x+20$$

이항해서 x끼리, 상수항끼리 모음

③
$$18x - 10x = \boxed{20} + 36$$

④
$$8x = \boxed{56}$$

⑤
$$x = \boxed{7}$$

답 ②

07

$$\frac{1}{7}x - 2 = \frac{1}{2}(5-x)$$

$$14 \times \left(\frac{1}{7}x - 2\right) = 14 \times \left\{\frac{1}{2}(5-x)\right\}$$

$$2x - 28 = 7(5-x)$$

$$2x - 28 = 35 - 7x$$

$$9x = 63$$

$$x = 7$$

답 $x=7$

08

$$8(x-2) = x+19$$ ㉣

$$8x - 16 = x+19$$ ㉡

$$8x - x = 19 + 16$$ ㉠

$$7x = 35$$ ㉢

$$x = 5$$

답 ㉣, ㉡, ㉠, ㉢

09

$$3 : (x-6) = 2 : (4x+1)$$

$$2(x-6) = 3(4x+1)$$

$$2x - 12 = 12x + 3$$

$$-10x = 15$$

$$x = -\frac{3}{2}$$

답 ②

▶ 정답 및 해설 46~47쪽

06 일차방정식의 계수를 정수로 바꾸어 푸는 과정입니다. 빈칸에 들어갈 수로 옳지 않은 것은? ②

$$1.8(x-2) = x+2$$
$$\boxed{①}(x-2) = 10x+20$$
$$18x - \boxed{②} = 10x+20$$
$$18x - 10x = \boxed{③} + 36$$
$$8x = \boxed{④}$$
$$x = \boxed{⑤}$$

① 18　　❷ 2　　③ 20
④ 56　　⑤ 7

07 다음 일차방정식을 푸시오.

$$\frac{1}{7}x - 2 = \frac{1}{2}(5-x)$$

$$x = 7$$

08 일차방정식 $8(x-2) = x+19$를 푸는 과정을 설명한 것입니다. 푸는 순서에 맞게 기호를 쓰시오.

㉠ $ax = b \ (a \neq 0)$꼴로 정리합니다.
㉡ x는 x끼리, 상수항은 상수항끼리 모이게 이항합니다.
㉢ 양변을 x의 계수로 나누어 해를 구합니다.
㉣ 괄호를 먼저 풉니다.

㉣, ㉡, ㉠, ㉢

09 다음 중 비례식 $3 : (x-6) = 2 : (4x+1)$을 만족하는 x의 값은? ②

① -1　　❷ $-\frac{3}{2}$　　③ -2
④ $-\frac{5}{2}$　　⑤ -3

10 등식 $4x - 10 = 2(2x+a)$가 x에 대한 항등식일 때, 상수 a의 값을 구하시오.

$$-5$$

2. 일차방정식 **93**

---

10 $4x - 10 = 2(2x+a)$가 x에 대한 항등식
→ 양변이 똑같아야 함

$4x - 10 = 2(2x+a)$에서 괄호를 풀면

$$4x - 10 = 4x + 2a$$

x항끼리 같음

상수항끼리 같아야 함

따라서, $-10 = 2a$
$$a = -5$$

답 -5

정답 및 해설 **47**

94쪽 풀이

11 ① $\dfrac{x-8}{3}=\dfrac{1}{4}$ → 3과 4의 최소공배수는 12니까 12의 배수를 곱해야 함

② $0.3(2x+7)=\dfrac{x}{7}$ → 10과 7의 최소공배수는 70이니까 70의 배수를 곱해야 함

③ $0.9x=\dfrac{3x-4}{11}$ → 10과 11의 최소공배수는 110이니까 110의 배수를 곱해야 함

④ $5=\dfrac{1}{5}-\dfrac{x+1}{6}$ → 5와 6의 최소공배수는 30이니까 30의 배수를 곱해야 함

⑤ $\dfrac{5x}{9}=0.1(8+x)$ → 9와 10의 최소공배수는 90이니까 90의 배수를 곱해야 함

답 ④

---

12 $20x-4=1-5x$
$25x=5$
$x=\dfrac{1}{5}$

① $2x=10$
$x=5$

② $9+x=3$
$x=-6$

③ $\dfrac{x}{3}+7=1$
$3\times\left(\dfrac{x}{3}+7\right)=1\times3$
$x+21=3$
$x=-18$

④ $34-4(x+6)=8$
$34-4x-24=8$
$-4x+10=8$
$-4x=-2$
$x=\dfrac{1}{2}$

⑤ $\dfrac{5x-3}{2}=-1$
$2\times\dfrac{5x-3}{2}=(-1)\times2$
$5x-3=-2$
$5x=1$
$x=\dfrac{1}{5}$

답 ⑤

단원 마무리

11 다음 일차방정식 중 양변에 30을 곱했을 때, 계수와 상수항이 모두 정수로 바뀌는 것은? ④

① $\dfrac{x-8}{3}=\dfrac{1}{4}$

② $0.3(2x+7)=\dfrac{x}{7}$

③ $0.9x=\dfrac{3x-4}{11}$

✓④ $5=\dfrac{1}{5}-\dfrac{x+1}{6}$

⑤ $\dfrac{5x}{9}=0.1(8+x)$

12 다음 중 일차방정식 $20x-4=1-5x$와 해가 같은 것은? ⑤

① $2x=10$　　② $9+x=3$

③ $\dfrac{x}{3}+7=1$　　④ $34-4(x+6)=8$

✓⑤ $\dfrac{5x-3}{2}=-1$

13 일차방정식 $\dfrac{x+3}{4}-\dfrac{2x+1}{10}=2$에 대한 설명으로 옳은 것의 기호를 모두 쓰시오. ㉠, ㉡

✓㉠ 양변에 20을 곱해서 계수를 정수로 바꿀 수 있습니다.
✓㉡ $5(x+3)-2(2x+1)=40$과 해가 같습니다.
㉢ 방정식의 해는 $x=3$입니다.

14 일차방정식 $\dfrac{1}{3}(7x+1)=2\left(2x-\dfrac{1}{4}\right)$을 친구들과 순서대로 풀고 있습니다.
잘못 풀기 시작한 친구의 이름을 쓰시오. 지연

연수: 양변에 12를 곱했더니 $4(7x+1)=24\left(2x-\dfrac{1}{4}\right)$이 되었어.
은혁: 연수의 식에서 괄호를 풀었더니 $28x+4=48x-6$이 되던데?
지연: 은혁이의 식에서 이항하여 계산했더니 $-20x=10$이 되었지.
재우: 지연이의 식에서 해를 구했더니 $x=-\dfrac{1}{2}$이야.

15 등식 $16x-11=2(ax-2)+8$이 x에 대한 일차방정식일 때, 다음 중 상수 a의 값이 될 수 없는 것은? ⑤

① -8　　② -4　　③ -2
④ 4　　✓⑤ 8

---

13 $\dfrac{x+3}{4}-\dfrac{2x+1}{10}=2$

4와 10의 최소공배수인 20을 곱하기

$20\times\left(\dfrac{x+3}{4}-\dfrac{2x+1}{10}\right)=2\times20$ ·········㉠

$5(x+3)-2(2x+1)=40$ ·········㉡

$5x+15-4x-2=40$

$x+13=40$

$x=27$ ·········㉢

㉠ 양변에 20을 곱해서 계수를 정수로 바꿀 수 있습니다. (○)

㉡ $5(x+3)-2(2x+1)=40$과 해가 같습니다. (○)

㉢ 방정식의 해는 $x=3$입니다. (×)

답 ㉠, ㉡

14

$$\frac{1}{3}(7x+1)=2\left(2x-\frac{1}{4}\right)$$

양변에
12 곱하기

$$12\times\frac{1}{3}(7x+1)=12\times2\left(2x-\frac{1}{4}\right)$$

$$4(7x+1)=24\left(2x-\frac{1}{4}\right) \cdots\cdots\cdots 연수$$

괄호 풀기

$$28x+4=48x-6 \cdots\cdots\cdots 은혁$$

이항하기

$$-20x=-10$$

$$x=\frac{1}{2}$$

➡ **지연**: 은혁이의 식에서 이항하여 계산했더니

$$-20x=10이 되었지. (\times)$$

$$\to -20x=-10$$

답 지연

15 $16x-11=2(ax-2)+8$이 x에 대한 일차방정식

$$\to 16x-11=2ax-4+8$$

$$16x-11=2ax+4$$

$$16x-2ax-15=0$$

x가 사라지면 안됨!

$a=8$이면 x가 사라지므로, a는 8이 되면 안됨

답 ⑤

16 ㉠ $4x-2(3x-5)=12$

$$4x-6x+10=12$$

$$-2x+10=12$$

$$-2x=2$$

$$x=-1$$

㉡ $$2-\frac{x}{2}=\frac{4-x}{4}$$

$$4\times\left(2-\frac{x}{2}\right)=\frac{4-x}{4}\times4$$

$$8-2x=4-x$$

$$-x=-4$$

$$x=4$$

㉢ $$3(0.2x+0.6)=5x-7$$

$$10\times3(0.2x+0.6)=(5x-7)\times10$$

$$30(0.2x+0.6)=50x-70$$

$$6x+18=50x-70$$

$$-44x=-88$$

$$x=2$$

답 ㉠

16 다음 중 해가 가장 작은 방정식을 찾아 기호를 쓰시오. ㉠

㉠ $4x-2(3x-5)=12$

㉡ $2-\dfrac{x}{2}=\dfrac{4-x}{4}$

㉢ $3(0.2x+0.6)=5x-7$

17 일차방정식 $\dfrac{x-1}{6}-\dfrac{2x-5}{4}=1$의 양변에 같은 수를 곱해서 모든 계수를 정수로 바꾸려고 합니다. 다음 중 바꾼 식으로 알맞은 것은?

① $4(x-1)-6(2x-5)=1$ ⑤

② $4(x-1)+6(2x-5)=24$

③ $2(x-1)+3(2x-5)=1$

④ $2(x-1)-6(2x-5)=12$

⑤ $2(x-1)-3(2x-5)=12$

18 x에 대한 일차방정식 $\dfrac{ax}{3}+\dfrac{a-2x}{2}=12$의 해가 $x=2$일 때, 상수 a의 값을 구하시오.

12

19 다음 일차방정식을 푸시오.

$$\frac{7x-3}{15}-0.8(x-4)=\frac{1}{3}x$$

$$x=\frac{9}{2}$$

20 x에 대한 두 일차방정식의 해가 같을 때, 상수 a의 값을 구하시오.

5

$$2=\frac{6x-8}{11},\quad 4x-a=15$$

17 $\dfrac{x-1}{6}-\dfrac{2x-5}{4}=1$

양변에 6과 4의 공배수인 12, 24, 36, …을 곱해야 함

- 양변에 12를 곱하면

$$12\times\left(\dfrac{x-1}{6}-\dfrac{2x-5}{4}\right)=1\times12$$

$2(x-1)-3(2x-5)=12$ ◀───── 보기 ⑤번의
식과 같음

- 양변에 24를 곱하면

$$24\times\left(\dfrac{x-1}{6}-\dfrac{2x-5}{4}\right)=1\times24$$

$4(x-1)-6(2x-5)=24$ ◀───── 보기에 없음

답 ⑤

18 $\dfrac{ax}{3}+\dfrac{a-2x}{2}=12$의 해가 $x=2$

→ $x=2$를 대입하면 식이 성립해야 함

$$\dfrac{ax}{3}+\dfrac{a-2x}{2}=12$$

$$\dfrac{a\times2}{3}+\dfrac{a-2\times2}{2}=12$$

$$\dfrac{2a}{3}+\dfrac{a-4}{2}=12$$

$$6\times\left(\dfrac{2a}{3}+\dfrac{a-4}{2}\right)=12\times6$$

$$4a+3(a-4)=72$$

$$4a+3a-12=72$$

$$7a=84$$

$$a=12$$

답 12

19 $\dfrac{7x-3}{15}-0.8(x-4)=\dfrac{1}{3}x$

$$30\times\left\{\dfrac{7x-3}{15}-0.8(x-4)\right\}=\dfrac{1}{3}x\times30$$

$$2(7x-3)-24(x-4)=10x$$

$$14x-6-24x+96=10x$$

$$-10x+90=10x$$

$$-20x=-90$$

$$x=\dfrac{9}{2}$$

답 $x=\dfrac{9}{2}$

20 $2=\dfrac{6x-8}{11}$, $4x-a=15$의 해가 같음

$$11\times2=\dfrac{6x-8}{11}\times11$$

$$22=6x-8$$

$$30=6x$$

$$x=5$$

대입

$$4x-a=15$$

$$4\times5-a=15$$

$$20-a=15$$

$$-a=-5$$

$$a=5$$

답 5

21

$$3(17x-10-15x+5)+2x=9$$
$$3(2x-5)+2x=9$$
$$6x-15+2x=9$$
$$8x-15=9$$
$$8x=24$$
$$x=3$$

답 $x=3$

22 (1)

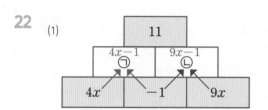

답 ㉠ $4x-1$
　　㉡ $9x-1$

(2)

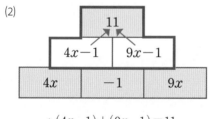

$$\rightarrow (4x-1)+(9x-1)=11$$
$$13x-2=11$$
$$13x=13$$
$$x=1$$

답 $x=1$

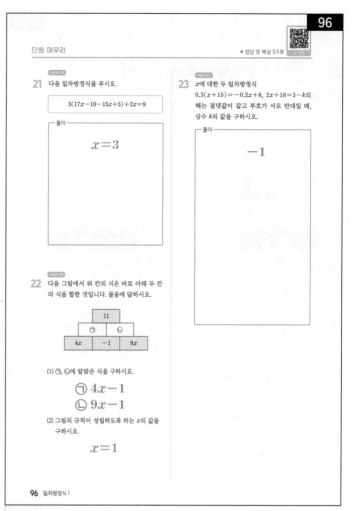

단원 마무리　　　　▶정답 및 해설 51쪽

21 다음 일차방정식을 푸시오.

$$3(17x-10-15x+5)+2x=9$$

풀이

$$x=3$$

22 다음 그림에서 위 칸의 식은 바로 아래 두 칸의 식을 합한 것입니다. 물음에 답하시오.

(1) ㉠, ㉡에 알맞은 식을 구하시오.
　　㉠ $4x-1$
　　㉡ $9x-1$

(2) 그림의 규칙이 성립하도록 하는 x의 값을 구하시오.
　　$x=1$

96 일차방정식 1

23 x에 대한 두 일차방정식 $0.3(x+15)=-0.2x+8$, $2x+18=3-k$의 해는 절댓값이 같고 부호가 서로 반대일 때, 상수 k의 값을 구하시오.

풀이

$$-1$$

23

$$\underset{\underset{\text{절댓값이 같고 부호가 반대}}{}}{0.3(x+15)=-0.2x+8,\ 2x+18=3-k\text{의 해는}}$$

$$0.3(x+15)=-0.2x+8$$
$$10\times0.3(x+15)=(-0.2x+8)\times10$$
$$3(x+15)=-2x+80$$
$$3x+45=-2x+80$$
$$5x=35$$
$$x=7$$

절댓값이 같고
부호는 반대니까

$$\rightarrow 2x+18=3-k\text{의 해는 } x=-7$$
$$\rightarrow x=-7 \text{ 대입}$$

$$2\times(-7)+18=3-k$$
$$-14+18=3-k$$
$$4=3-k$$
$$1=-k$$
$$k=-1$$

답 -1

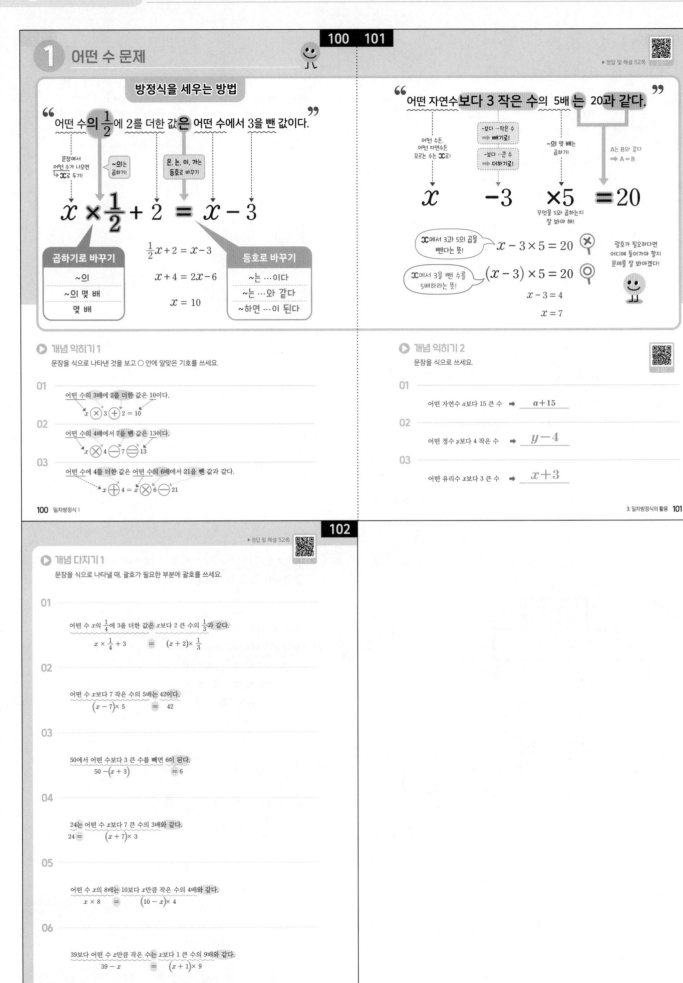

01 어떤 수에 10을 더한 값은 어떤 수의 2배와 같다.

$$\rightarrow x+10=x\times2$$
$$x+10=2x$$
$$x=10$$

02 어떤 수보다 10 작은 수의 2배는 12와 같다.

$$\rightarrow (x-10)\times2=12$$
$$2x-20=12$$
$$2x=32$$
$$x=16$$

03 어떤 수의 2배에 10을 더한 값은 어떤 수에 12를 더한 것과 같다.

$$\rightarrow x\times2+10=x+12$$
$$2x+10=x+12$$
$$x=2$$

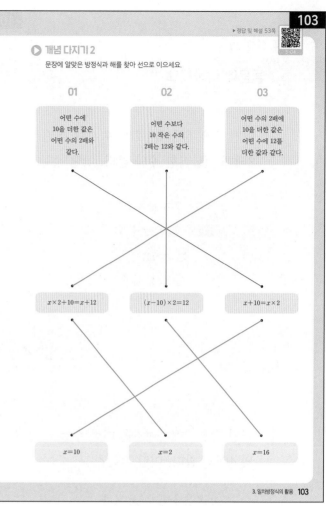

개념 다지기 2

문장에 알맞은 방정식과 해를 찾아 선으로 이으세요.

01 어떤 수에 10을 더한 값은 어떤 수의 2배와 같다.

02 어떤 수보다 10 작은 수의 2배는 12와 같다.

03 어떤 수의 2배에 10을 더한 값은 어떤 수에 12를 더한 값과 같다.

$x\times2+10=x+12$ $(x-10)\times2=12$ $x+10=x\times2$

$x=10$ $x=2$ $x=16$

3. 일차방정식의 활용 **103**

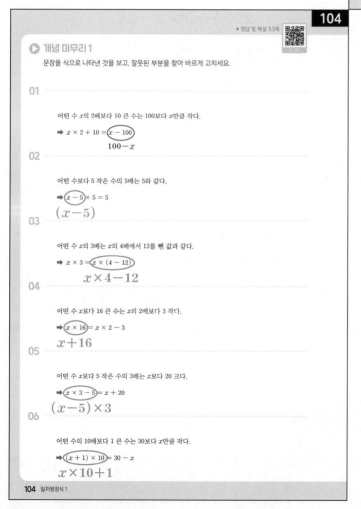

개념 마무리 1

문장을 식으로 나타낸 것을 보고, 잘못된 부분을 찾아 바르게 고치세요.

01

어떤 수 x의 2배보다 10 큰 수는 100보다 x만큼 작다.

$\rightarrow x\times2+10=\boxed{x-100}$
$$100-x$$

02

어떤 수보다 5 작은 수의 5배는 5와 같다.

$\rightarrow \boxed{x-5}\times5=5$
$$(x-5)$$

03

어떤 수 x의 3배는 x의 4배에서 12를 뺀 값과 같다.

$\rightarrow x\times3=\boxed{x\times(4-12)}$
$$x\times4-12$$

04

어떤 수 x보다 16 큰 수는 x의 2배보다 3 작다.

$\rightarrow \boxed{x\times16}=x\times2-3$
$$x+16$$

05

어떤 수 x보다 5 작은 수의 3배는 x보다 20 크다.

$\rightarrow \boxed{x\times3-5}=x+20$
$$(x-5)\times3$$

06

어떤 수의 10배보다 1 큰 수는 30보다 x만큼 작다.

$\rightarrow \boxed{(x+1)\times10}=30-x$
$$x\times10+1$$

▶ 개념 마무리 2

물음에 답하세요.

01 어떤 수의 5배에서 7을 뺀 수는 어떤 수의 2배에 5를 더한 수와 같다. 어떤 수는?

$$x \times 5 - 7 = x \times 2 + 5$$
$$5x - 7 = 2x + 5$$
$$3x = 12$$
$$x = 4$$

답: 4

02 어떤 수보다 5 작은 수의 3배는 15와 같다. 어떤 수는?

$$(x - 5) \times 3 = 15$$
$$x - 5 = 5$$
$$x = 10$$

답: **10**

03 어떤 수를 2배하여 6을 더한 수는 어떤 수의 4배와 같다. 어떤 수는?

$$x \times 2 + 6 = x \times 4$$
$$2x + 6 = 4x$$
$$6 = 2x$$
$$x = 3$$

답: **3**

04 어떤 수의 $\frac{1}{2}$에 3을 더한 수는 어떤 수에서 21을 뺀 수와 같다. 어떤 수는?

$$x \times \frac{1}{2} + 3 = x - 21$$
$$2 \times \left(\frac{1}{2}x + 3 \right) = (x - 21) \times 2$$
$$x + 6 = 2x - 42$$
$$48 = x$$

답: **48**

05 어떤 수의 7배에 1을 더한 수는 어떤 수의 5배보다 9 크다. 어떤 수는?

$$x \times 7 + 1 = x \times 5 + 9$$
$$7x + 1 = 5x + 9$$
$$2x = 8$$
$$x = 4$$

답: **4**

06 어떤 수보다 8 큰 수의 2배는 어떤 수보다 2 큰 수의 3배와 같다. 어떤 수는?

$$(x + 8) \times 2 = (x + 2) \times 3$$
$$2x + 16 = 3x + 6$$
$$10 = x$$

답: **10**

2 연속하는 수 문제 (1)

문제 연속하는 세 자연수가 있다. 세 자연수의 합이 30일 때, 가장 큰 수는?

풀이

❶ 연속 : 끊어지지 않고 쭉~ 이어지는 것

❷ 연속하는 세 자연수 : 예 9, 10, 11

연속하는 세 자연수
$$x, \ x+1, \ x+2$$

❸ 세 자연수의 합이 30

$$x + x+1 + x+2 = 30$$
$$3x+3 = 30$$
$$3x = 27$$
$$x = 9$$

x값이 곧바로 답이 되는 게 아니구나!

➡ 따라서, 세 자연수는 x　$x+1$　$x+2$
　　　　　　　　　　　9　　10　　11
　　　　　　　　　　　　　　　가장 큰 수

답 11

다른 풀이 연속하는 세 자연수의 가운데 수를 x로 생각하기!

자연수가 3개! 1씩 차이!!

$$x-1 \quad x \quad x+1$$
　　　-1　　　+1

연속하는 세 자연수의 합이 30일 때, 가장 큰 수를 구하면 되니까~

➡ $$x-1 + x + x+1 = 30$$
$$3x = 30$$
$$x = 10$$

세 수 중에 가운데 수를 x로 둔 거니까, 세 수는 이렇게 되겠구나!

　　9　　　10　　　⑪
　　　　　　　　가장 큰 수

답 11

개념 익히기 1

연속하는 세 정수를 바르게 나타낸 것에 ○표 하세요. (단, x는 정수)

01 $x-1, \ x, \ x+1$ (○)　　4, 6, 8 ( )

02 $101, 102, 103$ (○)　　x, x, x ( )

03 $10, 20, 30$ ( )　　$x, x+1, x+2$ (○)

개념 익히기 2

물음에 답하세요.

01 x를 가운데 수로 하여 연속하는 세 자연수를 쓰세요.
➡ $x-1, x, x+1$

02 x를 가장 작은 수로 하여 연속하는 세 자연수를 쓰세요.
➡ $x, x+1, x+2$

03 x를 가장 큰 수로 하여 연속하는 세 자연수를 쓰세요.
➡ $x-2, x-1, x$

3 연속하는 수 문제 (2)

문제 연속하는 세 홀수의 합이 123일 때, 가장 큰 홀수는?

홀수 : 1, 3, 5, 7, …
연속하는 홀수는 2씩 차이가 나는구나!

차이가 2이기만 하면 되니까, 세 홀수는 여러 가지 방법으로 쓸 수 있어!

방법❶ $x, x+2, x+4$

방법❷ $x-4, x-2, x$

방법❸ $x-2, x, x+2$

풀이 연속하는 세 홀수를 $x-2, x, x+2$라고 하고 방정식을 세우면,

$$x-2 + x + x+2 = 123$$
$$3x = 123$$
$$x = 41$$

➡ 연속하는 세 홀수 : $x-2$　x　$x+2$
　　　　　　　　　　　39　　41　　43

답 43

★ **연속하는 수**에 대한 문제는~

연속하는 정수이면	연속하는 홀수이면	연속하는 짝수이면
…, -1, 0, 1, …	…, -3, -1, 1, …	…, -2, 0, 2, …
차이가 1씩	차이가 2씩	차이가 2씩

홀수와 짝수는 차이가 같네~

➡ 연속하는 수에 따라 x를 이용하여 여러 가지 방법으로 식을 세울 수 있어!

• **연속하는 두 정수** : $x, x+1$ (다른 예 $x-1, x$)

• **연속하는 세 정수** : $x-1, x, x+1$ (다른 예 $x, x+1, x+2$)

• **연속하는 두 홀수/짝수** : $x, x+2$ (다른 예 $x-2, x$)

• **연속하는 세 홀수/짝수** : $x-2, x, x+2$ (다른 예 $x, x+2, x+4$)

개념 익히기 1

정수 x를 이용하여 나타낸 수를 보고 알맞은 설명에 V표 하세요.

01 $x, \ x+5$
차이가 5인 두 수 ☑
합이 5가 되는 두 수 ☐

02 $x-4, \ x-2, \ x$
2씩 차이가 나는 세 수 ☑
연속한 세 자연수 ☐

03 $x-2, \ x, \ x+2$
연속한 세 정수 ☐
연속한 세 짝수 ☑

개념 익히기 2

x를 이용하여 연속하는 수를 작은 것부터 크기 순서대로 나타내려고 합니다. 빈칸에 알맞은 식을 쓰세요.

01 연속하는 세 홀수
➡ $x, \ \boxed{x+2}, \ x+4$
➡ $x-2, \ \boxed{x}, \ \boxed{x+2}$

02 연속하는 두 홀수
➡ $\boxed{x}, \ x+2$
➡ $\boxed{x-2}, \ x$

03 연속하는 세 짝수
➡ $x, \ \boxed{x+2}, \ x+4$
➡ $x-2, \ x, \ \boxed{x+2}$

정답 및 해설 **55**

110　111

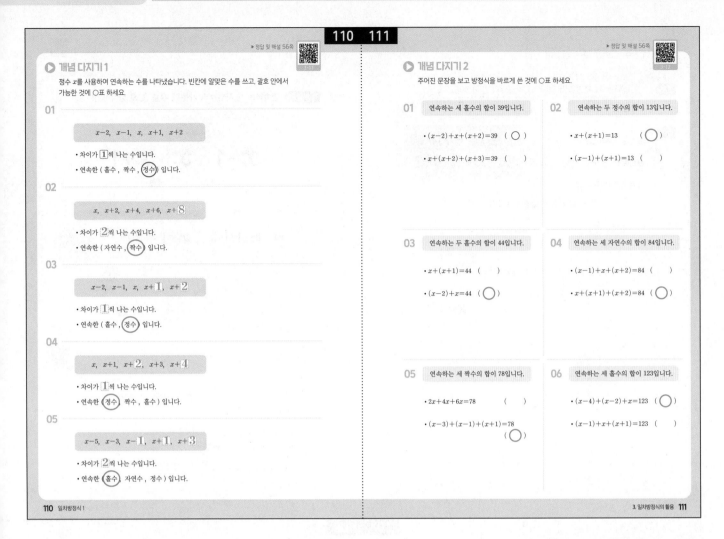

▶정답 및 해설 56쪽

개념 다지기 1

정수 x를 사용하여 연속하는 수를 나타냈습니다. 빈칸에 알맞은 수를 쓰고, 괄호 안에서 가능한 것에 ○표 하세요.

01

$$x-2, \quad x-1, \quad x, \quad x+1, \quad x+2$$

• 차이가 $\boxed{1}$씩 나는 수입니다.
• 연속한 (홀수 , 짝수 , ⟨정수⟩) 입니다.

02

$$x, \quad x+2, \quad x+4, \quad x+6, \quad x+\boxed{8}$$

• 차이가 $\boxed{2}$씩 나는 수입니다.
• 연속한 (자연수 , ⟨짝수⟩) 입니다.

03

$$x-2, \quad x-1, \quad x, \quad x+\boxed{1}, \quad x+\boxed{2}$$

• 차이가 $\boxed{1}$씩 나는 수입니다.
• 연속한 (홀수 , ⟨정수⟩) 입니다.

04

$$x, \quad x+1, \quad x+2, \quad x+3, \quad x+\boxed{4}$$

• 차이가 $\boxed{1}$씩 나는 수입니다.
• 연속한 (⟨정수⟩ , 짝수 , 홀수) 입니다.

05

$$x-5, \quad x-3, \quad x-\boxed{1}, \quad x+\boxed{1}, \quad x+\boxed{3}$$

• 차이가 $\boxed{2}$씩 나는 수입니다.
• 연속한 (⟨홀수⟩ , 자연수 , 정수) 입니다.

▶정답 및 해설 56쪽

개념 다지기 2

주어진 문장을 보고 방정식을 바르게 쓴 것에 ○표 하세요.

01 연속하는 세 홀수의 합이 39입니다.

• $(x-2)+x+(x+2)=39$　(○)
• $x+(x+2)+(x+3)=39$　(　)

02 연속하는 두 정수의 합이 13입니다.

• $x+(x+1)=13$　(○)
• $(x-1)+(x+1)=13$　(　)

03 연속하는 두 홀수의 합이 44입니다.

• $x+(x+1)=44$　(　)
• $(x-2)+x=44$　(○)

04 연속하는 세 자연수의 합이 84입니다.

• $(x-1)+x+(x+2)=84$　(　)
• $x+(x+1)+(x+2)=84$　(○)

05 연속하는 세 짝수의 합이 78입니다.

• $2x+4x+6x=78$　(　)
• $(x-3)+(x-1)+(x+1)=78$　(○)

06 연속하는 세 홀수의 합이 123입니다.

• $(x-4)+(x-2)+x=123$　(○)
• $(x-1)+x+(x+1)=123$　(　)

▶ 개념 마무리 1

물음에 답하세요.

01 연속한 세 짝수에 대한 방정식
$(x-4)+(x-2)+x=24$를 풀었더니
$x=10$이었다. 세 수 중 가장 작은 수는?

가장 작은 수
$\rightarrow 10-4=6$

답: **6**

02 연속한 두 정수에 대한 방정식
$x+(x+1)=9$를 풀었더니 $x=4$였다.
두 수 중 큰 수는?

큰 수 $\rightarrow 4+1=5$

답: **5**

03 연속한 세 자연수에 대한 방정식
$(x-1)+x+(x+1)=21$을 풀었더니
$x=7$이었다. 세 수 중 가장 큰 수는?

가장 큰 수
$\rightarrow 7+1=8$

답: **8**

04 연속한 세 홀수에 대한 방정식
$(x-3)+(x-1)+(x+1)=51$을 풀었더니 $x=18$이었다. 세 수 중 가운데 수는?

가운데 수
$\rightarrow 18-1=17$

답: **17**

05 연속한 세 짝수에 대한 방정식
$(x-2)+x+(x+2)=42$를 풀었더니
$x=14$였다. 세 수 중 가장 작은 수는?

가장 작은 수
$\rightarrow 14-2=12$

답: **12**

06 연속한 세 홀수에 대한 방정식
$x+(x+2)+(x+4)=15$를 풀었더니
$x=3$이었다. 세 수 중 가장 큰 수는?

가장 큰 수
$\rightarrow 3+4=7$

답: **7**

▶ 개념 마무리 2

물음에 답하세요.

01 연속하는 세 짝수의 합이 102일 때, 세 수 중에서 가장 작은 수는?

x로 생각하면
연속하는 세 짝수는
$x, x+2, x+4$

$$\rightarrow x+(x+2)+(x+4)=102$$
$$3x+6=102$$
$$3x=96$$
$$x=32$$

답: **32**

02 연속하는 두 자연수의 합이 57일 때, 두 수 중에서 큰 수는?

x로 생각하면
연속하는 두 자연수는 $x-1, x$

$$\rightarrow (x-1)+x=57$$
$$2x-1=57$$
$$2x=58$$
$$x=29$$

답: 29

03 연속하는 두 홀수의 합이 88일 때, 두 수 중에서 작은 수는?

x로 생각하면 연속하는 두 홀수는
$x, x+2$

$$\rightarrow x+(x+2)=88$$
$$2x+2=88$$
$$2x=86$$
$$x=43$$

답: 43

04 연속하는 세 짝수의 합이 66일 때, 세 수 중에서 두 번째로 큰 수는?

x로 생각하면 연속하는 세 짝수는
$x-2, x, x+2$

$$\rightarrow (x-2)+x+(x+2)=66$$
$$3x=66$$
$$x=22$$

답: 22

05 연속하는 세 정수의 합이 306일 때, 세 수 중에서 가장 작은 수는?

x로 생각하면 연속하는 세 정수는
$x, x+1, x+2$

$$\rightarrow x+(x+1)+(x+2)=306$$
$$3x+3=306$$
$$3x=303$$
$$x=101$$

답: **101**

06 연속하는 세 홀수의 합이 75일 때, 세 수 중에서 가장 큰 수는?

x로 생각하면 연속하는 세 홀수는
$x-4, x-2, x$

$$\rightarrow (x-4)+(x-2)+x=75$$
$$3x-6=75$$
$$3x=81$$
$$x=27$$

답: **27**

4 자릿수에 대한 문제

▶정답 및 해설 59쪽

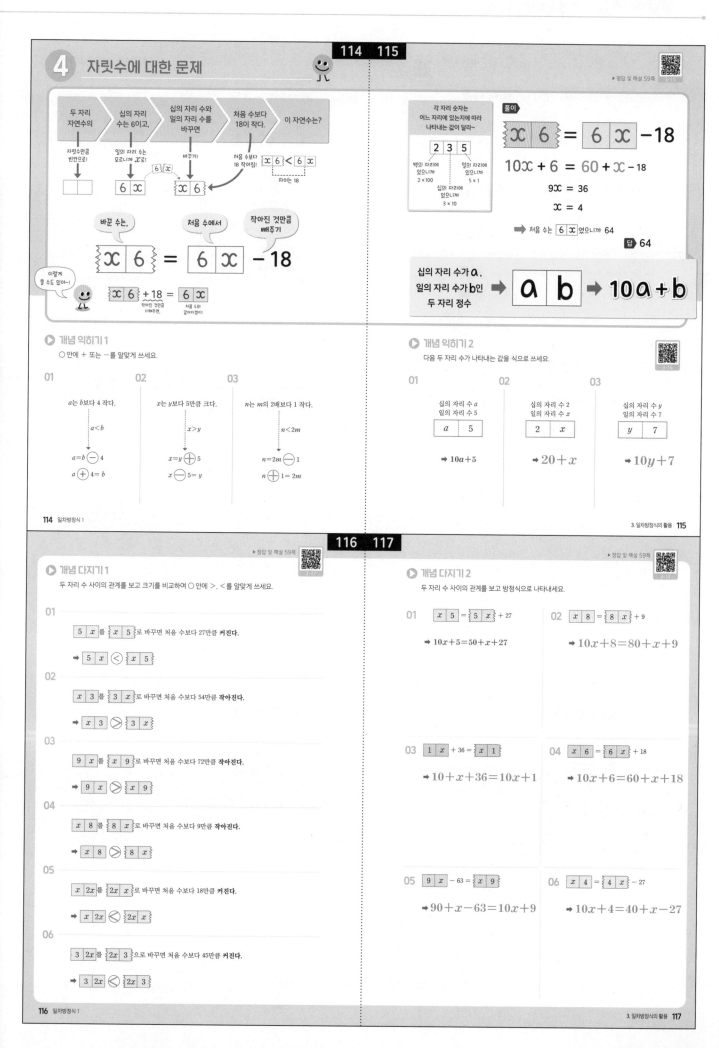

두 자리
자연수의

십의 자리
수는 6이고,

십의 자리 수와
일의 자리 수를
바꾸면

처음 수보다
18이 작다.

이 자연수는?

자릿수만큼
빈칸으로!

일의 자리 수는
모르니까 x로!

바꾸기!

처음 수보다
18 작아짐!

x 6 < 6 x

차이는 18

바꾼 수는,

처음 수에서

작아진 것만큼
빼주기

$$x\,6 = 6\,x - 18$$

이렇게
쓸 수도 있어~!

$x\,6 + 18 = 6\,x$

작아진 것만큼
더해주면,

처음 수와
같아지겠지!

각 자리 숫자는
어느 자리에 있는지에 따라
나타내는 값이 달라~

2 3 5

백의 자리에
있으니까
2×100

일의 자리에
있으니까
5×1

십의 자리에
있으니까
3×10

풀이

$$x\,6 = 6\,x - 18$$

$$10x + 6 = 60 + x - 18$$

$$9x = 36$$

$$x = 4$$

➡ 처음 수는 6 x 였으니까 64

답 64

십의 자리 수가 a,
일의 자리 수가 b인
두 자리 정수

➡ a b ➡ $10a + b$

▶ 개념 익히기1

○안에 + 또는 −를 알맞게 쓰세요.

01

a는 b보다 4 작다.

$a < b$

$a = b \ominus 4$

$a \oplus 4 = b$

02

x는 y보다 5만큼 크다.

$x > y$

$x = y \oplus 5$

$x \ominus 5 = y$

03

n은 m의 2배보다 1 작다.

$n < 2m$

$n = 2m \ominus 1$

$n \oplus 1 = 2m$

▶ 개념 익히기2

다음 두 자리 수가 나타내는 값을 식으로 쓰세요.

01

십의 자리 수 a
일의 자리 수 5

a 5

➡ $10a + 5$

02

십의 자리 수 2
일의 자리 수 x

2 x

➡ $20 + x$

03

십의 자리 수 y
일의 자리 수 7

y 7

➡ $10y + 7$

▶정답 및 해설 59쪽

▶ 개념 다지기1

두 자리 수 사이의 관계를 보고 크기를 비교하여 ○안에 >, <를 알맞게 쓰세요.

01

5 x 를 x 5 로 바꾸면 처음 수보다 27만큼 **커진다.**

➡ 5 x ⊘ x 5

02

x 3 을 3 x 로 바꾸면 처음 수보다 54만큼 **작아진다.**

➡ x 3 ⊘ 3 x

03

9 x 를 x 9 로 바꾸면 처음 수보다 72만큼 **작아진다.**

➡ 9 x ⊘ x 9

04

x 8 을 8 x 로 바꾸면 처음 수보다 9만큼 **작아진다.**

➡ x 8 ⊘ 8 x

05

x 2x 를 2x x 로 바꾸면 처음 수보다 18만큼 **커진다.**

➡ x 2x ⊘ 2x x

06

3 2x 를 2x 3 으로 바꾸면 처음 수보다 45만큼 **커진다.**

➡ 3 2x ⊘ 2x 3

▶ 개념 다지기2

두 자리 수 사이의 관계를 보고 방정식으로 나타내세요.

01

x 5 = 5 x + 27

➡ $10x + 5 = 50 + x + 27$

02

x 8 = 8 x + 9

➡ $10x + 8 = 80 + x + 9$

03

1 x + 36 = x 1

➡ $10 + x + 36 = 10x + 1$

04

x 6 = 6 x + 18

➡ $10x + 6 = 60 + x + 18$

05

9 x − 63 = x 9

➡ $90 + x − 63 = 10x + 9$

06

x 4 = 4 x − 27

➡ $10x + 4 = 40 + x − 27$

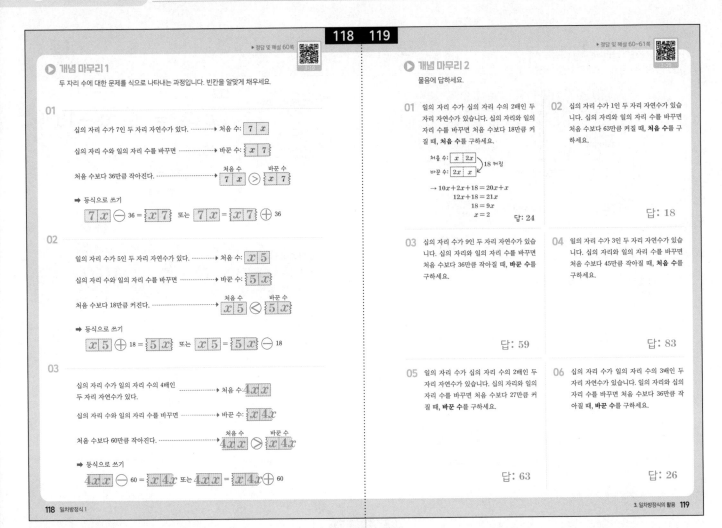

119쪽 풀이

02 처음 수: 십의 자리 수가 1인 두 자리 자연수

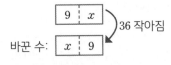

바꾼 수:

$$10+x+63=10x+1$$
$$10+63-1=10x-x$$
$$72=9x$$
$$x=8$$

따라서 처음 수는 | 1 | 8 |

답 18

03 처음 수: 십의 자리 수가 9인 두 자리 자연수

바꾼 수:

$$90+x-36=10x+9$$
$$90-36-9=10x-x$$
$$45=9x$$
$$x=5$$

따라서 바꾼 수는 | 5 | 9 |

답 59

04 처음 수: 일의 자리 수가 3인 두 자리 자연수

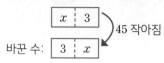

→ $10x + 3 - 45 = 30 + x$

$10x - x = 30 - 3 + 45$

$9x = 72$

$x = 8$

따라서 처음 수는 | 8 : 3 |

目 83

05 처음 수: 일의 자리 수가 십의 자리 수의 2배인
두 자리 자연수

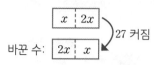

→ $10x + 2x + 27 = 20x + x$

$27 = 20x + x - 10x - 2x$

$27 = 9x$

$x = 3$

따라서 바꾼 수는 | 6 : 3 |

目 63

06 처음 수: 십의 자리 수가 일의 자리 수의 3배인
두 자리 자연수

$$\boxed{3x \;\vdots\; x}$$
바꾼 수: $\boxed{x \;\vdots\; 3x}$ ↘ 36 작아짐

→ $30x + x - 36 = 10x + 3x$

$-36 = 10x + 3x - 30x - x$

$-36 = -18x$

$x = 2$

따라서 바꾼 수는 | 2 : 6 |

目 26

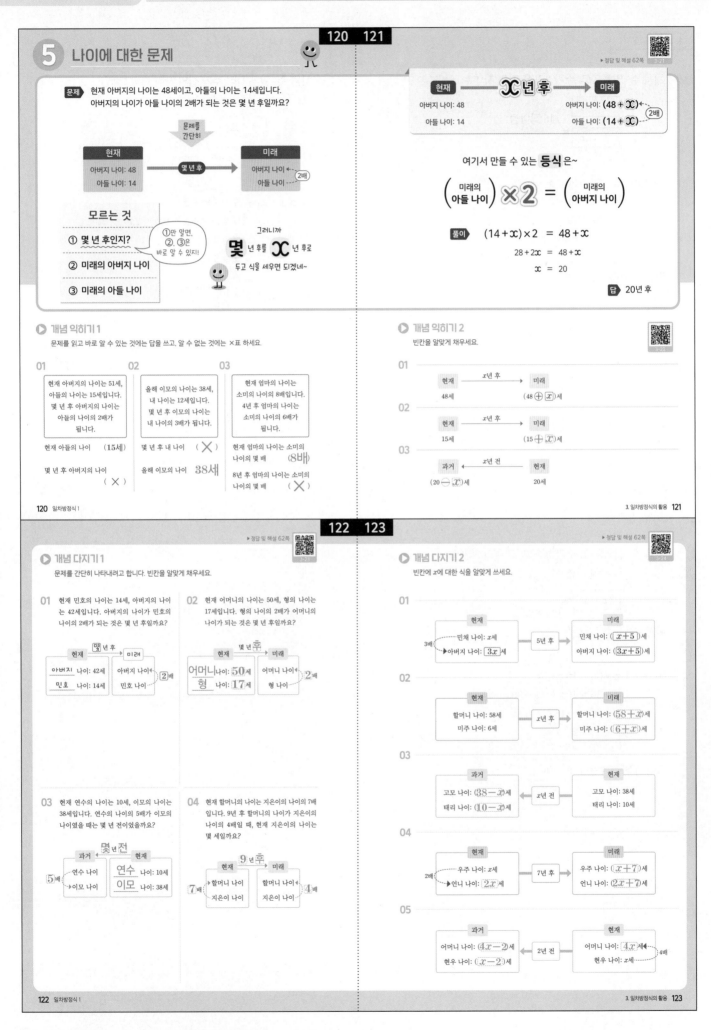

5 나이에 대한 문제

120　121

▶정답 및 해설 62쪽

문제 현재 아버지의 나이는 48세이고, 아들의 나이는 14세입니다.
아버지의 나이가 아들 나이의 2배가 되는 것은 몇 년 후일까요?

문제를 간단히

현재		미래
아버지 나이: 48	몇 년 후	아버지 나이
아들 나이: 14		아들 나이 ---- (2배)

모르는 것

① 몇 년 후인지?

② 미래의 아버지 나이

③ 미래의 아들 나이

①만 알면, ②, ③은 바로 알 수 있지!

그러니까 몇 년 후를 x 년 후로 두고 식을 세우면 되겠네~

현재	x 년 후	미래
아버지 나이: 48		아버지 나이: $(48+x)$
아들 나이: 14		아들 나이: $(14+x)$ (2배)

여기서 만들 수 있는 **등식**은~

$$\left(\begin{array}{c}\text{미래의}\\\text{아들 나이}\end{array}\right)\times 2 = \left(\begin{array}{c}\text{미래의}\\\text{아버지 나이}\end{array}\right)$$

풀이
$$(14+x)\times 2 = 48+x$$
$$28+2x = 48+x$$
$$x = 20$$

답 20년 후

▶ 개념 익히기 1

문제를 읽고 바로 알 수 있는 것에는 답을 쓰고, 알 수 없는 것에는 ×표 하세요.

01
현재 아버지의 나이는 51세, 아들의 나이는 15세입니다. 몇 년 후 아버지의 나이가 아들의 나이의 2배가 됩니다.

현재 아들의 나이　(15세)

몇 년 후 아버지의 나이
(×)

02
올해 이모의 나이는 38세, 내 나이는 12세입니다. 몇 년 후 이모의 나이가 내 나이의 3배가 됩니다.

몇 년 후 내 나이　(×)

올해 이모의 나이　38세

03
현재 엄마의 나이는 소미의 나이의 8배입니다. 4년 후 엄마의 나이는 소미의 나이의 6배가 됩니다.

현재 엄마의 나이는 소미의 나이의 몇 배　(8배)

8년 후 엄마의 나이는 소미의 나이의 몇 배　(×)

▶ 개념 익히기 2

빈칸을 알맞게 채우세요.

01
현재	x년 후	미래
48세		$(48⊕x)$세

02
현재	x년 후	미래
15세		$(15⊕x)$세

03
과거	x년 전	현재
$(20⊖x)$세		20세

122　123

▶정답 및 해설 62쪽

▶ 개념 다지기 1

문제를 간단히 나타내려고 합니다. 빈칸을 알맞게 채우세요.

01 현재 민호의 나이는 14세, 아버지의 나이는 42세입니다. 아버지의 나이가 민호의 나이의 2배가 되는 것은 몇 년 후일까요?

현재	몇 년 후	미래
아버지 나이: 42세		아버지 나이
민호 나이: 14세		민호 나이 (2배)

02 현재 어머니의 나이는 50세, 형의 나이는 17세입니다. 형의 나이의 2배가 어머니의 나이가 되는 것은 몇 년 후일까요?

현재	몇 년 후	미래
어머니 나이: 50세		어머니 나이
형 나이: 17세		형 나이 (2배)

03 현재 연수의 나이는 10세, 이모의 나이는 38세입니다. 연수의 나이의 5배가 이모의 나이였을 때는 몇 년 전이었을까요?

과거	몇 년 전	현재
연수 나이 (5배)		연수 나이: 10세
이모 나이		이모 나이: 38세

04 현재 할머니의 나이는 지은이의 나이의 7배입니다. 9년 후 할머니의 나이가 지은이의 나이의 4배일 때, 현재 지은이의 나이는 몇 세일까요?

현재	9년 후	미래
할머니 나이 (7배)		할머니 나이 (4배)
지은이 나이		지은이 나이

▶ 개념 다지기 2

빈칸에 x에 대한 식을 알맞게 쓰세요.

01
현재	5년 후	미래
민채 나이: x세 (3배)		민채 나이: $(x+5)$세
아버지 나이: $3x$세		아버지 나이: $(3x+5)$세

02
현재	x년 후	미래
할머니 나이: 58세		할머니 나이: $(58+x)$세
미주 나이: 6세		미주 나이: $(6+x)$세

03
과거	x년 전	현재
고모 나이: $(38-x)$세		고모 나이: 38세
태리 나이: $(10-x)$세		태리 나이: 10세

04
현재	7년 후	미래
우주 나이: x세 (2배)		우주 나이: $(x+7)$세
언니 나이: $2x$세		언니 나이: $(2x+7)$세

05
과거	2년 전	현재
어머니 나이: $(4x-2)$세		어머니 나이: $4x$세 (4배)
현우 나이: $(x-2)$세		현우 나이: x세

01 식 계산하기 → $(x+4) \times 4 = 6x+4$

$$4x+16 = 6x+4$$
$$12 = 2x$$
$$x = 6$$

답 6세

02 식 계산하기 → $(11+x) \times 2 = 42+x$

$$22+2x = 42+x$$
$$x = 20$$

답 20년 후

03 식 계산하기 → $(15-x) \times 3 = 35-x$

$$45-3x = 35-x$$
$$10 = 2x$$
$$x = 5$$

답 5년 전

02

<현재>	x년 후	<미래>
지현 15세	→	지현 $(15+x)$세 ⟍2배
어머니 50세		어머니 $(50+x)$세 ⟋

$$(15+x) \times 2 = 50+x$$
$$30+2x = 50+x$$
$$x = 20$$

답 20년 후

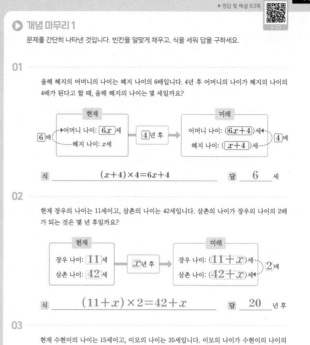

▶ 정답 및 해설 63쪽

124

개념 마무리 1

문제를 간단히 나타낸 것입니다. 빈칸을 알맞게 채우고, 식을 세워 답을 구하세요.

01 올해 혜지의 어머니의 나이는 혜지 나이의 6배입니다. 4년 후 어머니의 나이가 혜지의 나이의 4배가 된다고 할 때, 올해 혜지의 나이는 몇 세일까요?

현재
6배 → 어머니 나이: $6x$ 세
혜지 나이: x세
4년 후
미래
어머니 나이: $(6x+4)$세 ⟍ 4배
혜지 나이: $(x+4)$세 ⟋

식 $(x+4) \times 4 = 6x+4$ 답 6 세

02 현재 장우의 나이는 11세이고, 삼촌의 나이는 42세입니다. 삼촌의 나이가 장우의 나이의 2배가 되는 것은 몇 년 후일까요?

현재
장우 나이: 11세
삼촌 나이: 42세
x년 후
미래
장우 나이: $(11+x)$세 ⟍ 2배
삼촌 나이: $(42+x)$세 ⟋

식 $(11+x) \times 2 = 42+x$ 답 20 년 후

03 현재 수현이의 나이는 15세이고, 이모의 나이는 35세입니다. 이모의 나이가 수현이의 나이의 3배였던 때는 몇 년 전이었을까요?

과거
3배 → 수현이 나이: $(15-x)$세
이모 나이: $(35-x)$세
x년 전
현재
수현이 나이: 15세
이모 나이: 35세

식 $(15-x) \times 3 = 35-x$ 답 5 년 전

124 일차방정식 1

125

▶ 정답 및 해설 63~64쪽

개념 마무리 2

물음에 답하세요.

01 올해 아버지의 나이는 정수의 나이의 4배입니다. 6년 후 아버지의 나이가 정수의 나이의 3배가 된다고 할 때, 올해 정수의 나이는 몇 세일까요?

<현재>
4배 → 정수 x세
아버지 $4x$세
6년 후
<미래>
정수 $(x+6)$세 → 3배
아버지 $(4x+6)$세

$$(x+6) \times 3 = 4x+6$$
$$3x+18 = 4x+6$$
$$x = 12$$

답: 12세

02 현재 지현이의 나이는 15세이고, 어머니의 나이는 50세입니다. 어머니의 나이가 지현이의 나이의 2배가 되는 것은 몇 년 후일까요?

답: 20년 후

03 올해 서후의 나이는 18세이고, 아버지의 나이는 50세입니다. 아버지의 나이가 서후의 나이의 3배였던 때는 몇 년 전이었을까요?

답: 2년 전

04 현재 어머니의 나이는 성준이의 나이의 12배입니다. 8년 후 어머니의 나이가 성준이의 나이의 4배가 된다고 할 때, 현재 성준이의 나이는 몇 세일까요?

답: 3세

05 2024년에 할머니의 나이는 63세, 예진이의 나이는 3세입니다. 할머니의 나이가 예진이의 나이의 5배가 되는 것은 몇 년일까요?

답: 12년 후

06 올해 선생님의 나이는 정원이의 나이의 3배입니다. 10년 후 선생님의 나이가 정원이의 나이의 2배가 된다고 할 때, 올해 선생님의 나이는 몇 세일까요?

답: 30세

3. 일차방정식의 활용 125

125쪽 풀이

03

<과거>　　　　　　　<현재>

3배⤵ 서후 $(18-x)$세　　x년 전 ◀━━　서후 18세
　　 아버지 $(50-x)$세　　　　　　아버지 50세

$$(18-x) \times 3 = 50-x$$
$$54-3x = 50-x$$
$$4 = 2x$$
$$x = 2$$

답 2년 전

04

<현재>　　　　　　　<미래>

12배⤵ 성준 x세　　8년 후 ━━▶　성준 $(x+8)$세 ⤵4배
　　 어머니 $12x$세　　　　　　어머니 $(12x+8)$세

$$(x+8) \times 4 = 12x+8$$
$$4x+32 = 12x+8$$
$$24 = 8x$$
$$x = 3$$

답 3세

05

<2024년>　　　　　　<미래>

예진 3세　　x년 후 ━━▶　예진 $(3+x)$세 ⤵5배
할머니 63세　　　　　　할머니 $(63+x)$세

$$(3+x) \times 5 = 63+x$$
$$15+5x = 63+x$$
$$4x = 48$$
$$x = 12$$

답 12년 후

06

<현재>　　　　　　　<미래>

3배⤵ 정원 x세　　10년 후 ━━▶　정원 $(x+10)$세 ⤵2배
　　 선생님 $3x$세　　　　　　선생님 $(3x+10)$세

$$(x+10) \times 2 = 3x+10$$
$$2x+20 = 3x+10$$
$$x = 10$$

올해 정원이의 나이가 10세이므로,
선생님의 나이는 $3 \times 10 = 30$세

답 30세

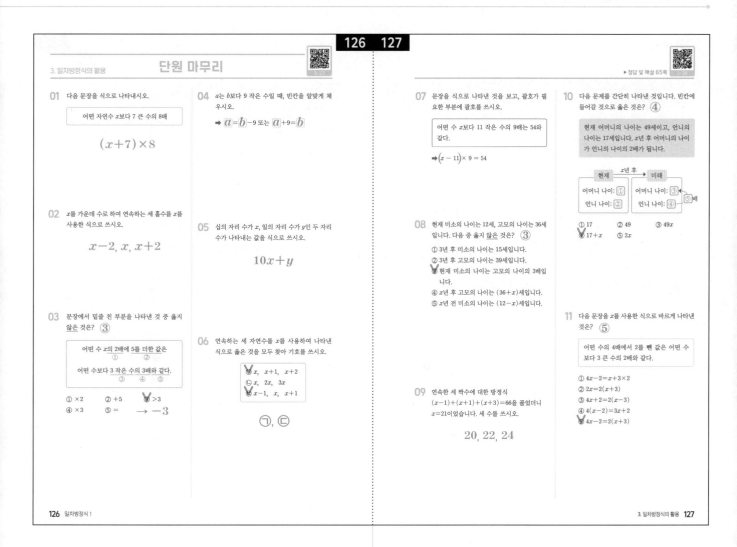

3. 일차방정식의 활용

단원 마무리

▶ 정답 및 해설 65쪽

01 다음 문장을 식으로 나타내시오.

어떤 자연수 x보다 7 큰 수의 8배

$(x+7) \times 8$

02 x를 가운데 수로 하여 연속하는 세 홀수를 x를 사용한 식으로 쓰시오.

$x-2, \ x, \ x+2$

03 문장에서 밑줄 친 부분을 나타낸 것 중 옳지 않은 것은? ③

어떤 수 x의 2배에 5를 더한 값은
　　　①　　　②
어떤 수보다 3 작은 수의 3배와 같다.
　　　③　④　　⑤

① $\times 2$　　② $+5$　　❤ >3
④ $\times 3$　　⑤ $=$　　→ -3

04 a는 b보다 9 작은 수일 때, 빈칸을 알맞게 채우시오.

➡ $\boxed{a}=\boxed{b}-9$ 또는 $\boxed{a}+9=\boxed{b}$

05 십의 자리 수가 x, 일의 자리 수가 y인 두 자리 수가 나타내는 값을 식으로 쓰시오.

$10x+y$

06 연속하는 세 자연수를 x를 사용하여 나타낸 식으로 옳은 것을 모두 찾아 기호를 쓰시오.

❤ $x, \ x+1, \ x+2$
ⓒ $x, \ 2x, \ 3x$
❤ $x-1, \ x, \ x+1$

ⓐ, ⓒ

07 문장을 식으로 나타낸 것을 보고, 괄호가 필요한 부분에 괄호를 쓰시오.

어떤 수 x보다 11 작은 수의 9배는 54와 같다.

➡ $(x-11) \times 9 = 54$

08 현재 미소의 나이는 12세, 고모의 나이는 36세입니다. 다음 중 옳지 않은 것은? ③

① 3년 후 미소의 나이는 15세입니다.
② 3년 후 고모의 나이는 39세입니다.
❤ 현재 미소의 나이는 고모의 나이의 3배입니다.
④ x년 후 고모의 나이는 $(36+x)$세입니다.
⑤ x년 전 미소의 나이는 $(12-x)$세입니다.

09 연속한 세 짝수에 대한 방정식
$(x-1)+(x+1)+(x+3)=66$을 풀었더니
$x=21$이었습니다. 세 수를 쓰시오.

$20, 22, 24$

10 다음 문제를 간단히 나타낸 것입니다. 빈칸에 들어갈 것으로 옳은 것은? ④

현재 어머니의 나이는 49세이고, 언니의 나이는 17세입니다. x년 후 어머니의 나이가 언니의 나이의 2배가 됩니다.

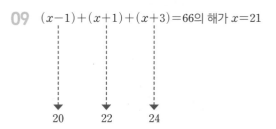

① 17　　② 49　　③ $49x$
❤ $17+x$　　⑤ $2x$

11 다음 문장을 x를 사용한 식으로 바르게 나타낸 것은? ⑤

어떤 수의 4배에서 2를 뺀 값은 어떤 수보다 3 큰 수의 2배와 같다.

① $4x-2=x+3 \times 2$
② $2x=2(x+3)$
③ $4x+2=2(x-3)$
④ $4(x-2)=3x+2$
❤ $4x-2=2(x+3)$

127쪽 풀이

08

〈현재〉

미소 12세

고모 36세

① 3년 후 미소의 나이는 15세입니다. (○)
　→ $12+3=15$

② 3년 후 고모의 나이는 39세입니다. (○)
　→ $36+3=39$

③ 현재 미소의 나이는 고모의 나이의 3배입니다. (×)
　→ 고모 나이가 미소 나이의 3배

④ x년 후 고모의 나이는 $(36+x)$세입니다. (○)

⑤ x년 전 미소의 나이는 $(12-x)$세입니다. (○)

답 ③

09 $(x-1)+(x+1)+(x+3)=66$의 해가 $x=21$

20　　22　　24

답 $20, 22, 24$

10

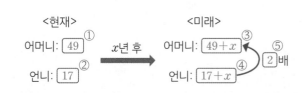

답 ④

128쪽 풀이

12 $\boxed{x}\boxed{1}$ 를 $\{1\ x\}$ 로 바꾸면 처음 수보다 27만큼 작아집니다.

㉠ $\boxed{x}\boxed{1} < \{1\ x\}$ (×)

→ $\boxed{x}\boxed{1} > \{1\ x\}$

㉡ $\boxed{x}\boxed{1} - 27 = \{1\ x\}$ (○)

또는 $\boxed{x}\boxed{1} = \{1\ x\} + 27$

㉢ $10x + 1 - 27 = 10 + x$ (○)

또는 $10x + 1 = 10 + x + 27$

🅰 ㉡, ㉢

13 연속하는 세 자연수의 합이 42일 때, 세 자연수 중에서 가장 큰 수?

x로 생각하면

연속하는 세 자연수는

$x-2,\ x-1,\ x$

→ $(x-2) + (x-1) + x = 42$

$3x - 3 = 42$

$3x = 45$

$x = 15$

🅰 15

14 $\boxed{x\ 3x} = \boxed{2\ x} + 16$

→ $10x + 3x = 20 + x + 16$

$10x + 3x - x = 20 + 16$

$12x = 36$

$x = 3$

🅰 $x=3$

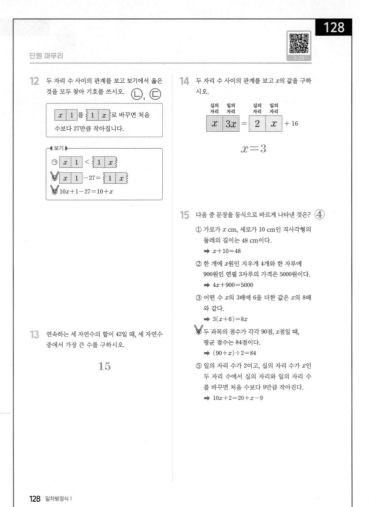

15 ① 가로가 x cm, 세로가 10 cm인 직사각형의 둘레의 길이는 48 cm이다. (×)

→ $(x+10) \times 2 = 48$

② 한 개에 x원인 지우개 4개와 한 자루에 900원인 연필 3자루의 가격은 5000원이다. (×)

→ $4x + 900 \times 3 = 5000$

③ 어떤 수 x의 3배에 6을 더한 값은 x의 8배와 같다. (×)

→ $3x + 6 = 8x$

④ 두 과목의 점수가 각각 90점, x점일 때, 평균 점수는 84점이다. (○)

→ $(90 + x) \div 2 = 84$

⑤ 일의 자리 수가 2이고, 십의 자리 수가 x인 두 자리 수에서 십의 자리와 일의 자리 수를 바꾸면 처음 수보다 9만큼 작아진다. (×)

처음 수: $\boxed{x\ \vdots\ 2}$

바꾼 수: $\boxed{2\ \vdots\ x}$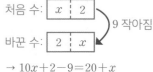

9 작아짐

→ $10x + 2 - 9 = 20 + x$

🅰 ④

16

일의 자리 수가 6인 두 자리 수는 각 자리 수의 합의 4배

$\boxed{x \ \vdots \ 6}$　　　　　　$(x+6)$　$\times 4$

승수: 십의 자리 수를 x라고 하면, 두 자리 수를
　　　$10x+6$으로 나타낼 수 있어. (○)

연우: 각 자리 수의 합은 $x+6$이지! (○)

지후: 문제를 등식으로 나타내면
　　　$10x+6=x+6$이 되겠네. (×)
　　　$\rightarrow 10x+6=4(x+6)$

🖪 지후

17

2020년에 서영이의 나이는 10세, 아버지의 나이는 45세
아버지의 나이가 서영이의 나이의 3배보다 1살 많아지는
때는 몇 년 후?

　　　　　　　　〈2020년〉　　　〈미래〉
　　　서영 10세　$\xrightarrow{x년 후}$　서영 $(10+x)$세　┐3배보다
　　　아버지 45세　　　　아버지 $(45+x)$세　┘1살 많음

$$(10+x) \times 3 + 1 = 45 + x$$
$$30 + 3x + 1 = 45 + x$$
$$3x - x = 45 - 30 - 1$$
$$2x = 14$$
$$x = 7$$

🖪 7년 후

18　처음 수: 십의 자리 수가 5인 두 자리 자연수

　　　$\boxed{5 \ \vdots \ x}$　┐
　　　　　　　　　┘27 커짐
바꾼 수: $\boxed{x \ \vdots \ 5}$

　$\rightarrow 50 + x + 27 = 10x + 5$
　　　$50 + 27 - 5 = 10x - x$
　　　　　　$72 = 9x$
　　　　　　$x = 8$

따라서 바꾼 수는 $\boxed{8 \ \vdots \ 5}$

🖪 85

---

16 다음은 주어진 문제에 대해 나눈 대화입니다. 잘못 말한 사람의 이름을 쓰고, 틀린 부분을 바르게 고치시오.

> 일의 자리 수가 6인 두 자리 수는 각 자리 수의 합의 4배와 같습니다.

> 승수: 십의 자리 수를 x라고 하면, 두 자리 수를 $10x+6$으로 나타낼 수 있어.
> 연우: 각 자리 수의 합은 $x+6$이지!
> 지후: 문제를 등식으로 나타내면 $10x+6=x+6$이 되겠네.

$$10x + 6 = 4(x+6)$$

17 2020년에 서영이의 나이는 10세이고, 아버지의 나이는 45세입니다. 아버지의 나이가 서영이의 나이의 3배보다 1살이 많아지는 것은 몇 년 후인지 구하시오.

7년 후

18 십의 자리 수가 5인 두 자리 자연수가 있습니다. 십의 자리와 일의 자리 수를 바꾸면 처음 수보다 27만큼 커집니다. 바꾼 수를 구하시오.

85

19 다음을 보고 빈칸에 들어갈 식을 알맞게 쓴 것은? ⑤

> 현재 건우의 아버지의 나이는 건우의 나이의 5배입니다. 건우의 나이를 x세라고 하면, 현재 아버지의 나이는 (①)세입니다. 6년 후 건우의 나이는 (②)세이고, 아버지의 나이는 (③)세이며, 아버지의 나이가 건우의 나이의 3배가 된다면 방정식은 ③=(②)×④입니다.
> 따라서, 현재 건우의 나이는 (⑤)세입니다.

① $x+5$　　② $6x$
③ $x+11$　④ $3x$
⑤ 6

20 십의 자리 수가 일의 자리 수보다 3만큼 큰 두 자리 수가 있습니다. 십의 자리 수와 일의 자리 수를 바꾼 수의 2배보다 2만큼 큰 수는 처음 수와 같습니다. 처음 수를 구하시오.

52

19

　　　　　〈현재〉　　　　　　　〈미래〉
　　　　　　　　　　　　　　　　　　　②
　　　┌─건우 x세─┐　6년 후　건우 ($\boxed{x+6}$)세─┐
　5배 │　　　　　│①　$\longrightarrow$　　　　　　　│③　3배
　　　└─아버지 $\boxed{5x}$세　　　아버지 ($\boxed{5x+6}$)세─┘

$$5x + 6 = (x+6) \times \overset{④}{\boxed{3}}$$
$$5x + 6 = 3x + 18$$
$$2x = 12$$
$$x = 6$$

따라서, 현재 건우의 나이는 $\overset{⑤}{\boxed{6}}$세

🖪 ⑤

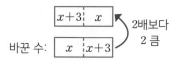
129쪽 풀이

20 처음 수: 십의 자리 수가 일의 자리 수보다 3 큰
   두 자리 수

$$\boxed{x+3 \mid x}$$

바꾼 수: $\boxed{x \mid x+3}$ 2배보다
                              2 큼

$$\rightarrow 10(x+3)+x=(10x+x+3)\times 2+2$$
$$10x+30+x=(11x+3)\times 2+2$$
$$11x+30=22x+6+2$$
$$30-6-2=22x-11x$$
$$22=11x$$
$$x=2$$

따라서 처음 수는 $\boxed{5 \mid 2}$

답 52

130쪽 풀이

21 어떤 수 x의 3배에서 2를 뺀 값은 x의 7배에서
   14를 뺀 값과 같음

$$\rightarrow x\times 3-2=x\times 7-14$$
$$3x-2=7x-14$$
$$12=4x$$
$$x=3$$

답 3

130

단원 마무리   ▶ 정답 및 해설 68~69쪽

21 어떤 수 x의 3배에서 2를 뺀 값은 x의 7배에서 14를 뺀 값과 같을 때, 어떤 수를 구하시오.

풀이

3

23 연속한 세 자연수에서 가운데 수의 5배는 나머지 두 수의 합의 2배보다 39만큼 더 크다고 할 때, 세 자연수 중 가장 작은 수를 구하시오.

풀이

38

22 현재 보민이의 나이는 7세입니다. 7년 후 아버지의 나이는 보민이의 나이의 3배일 때, 물음에 답하시오.

(1) 현재 아버지의 나이를 구하시오.

35세

(2) 아버지의 나이가 보민이의 나이의 2배가 되는 때는 몇 년 후인지 구하시오.

21년 후

22

(1)

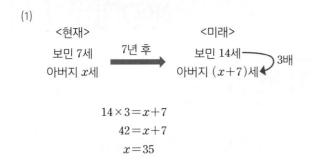

$$14 \times 3 = x+7$$
$$42 = x+7$$
$$x = 35$$

📋 35세

<다른 풀이>

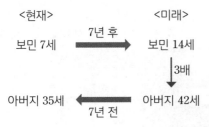

(2)

<현재>
보민 7세
아버지 35세

x년 후 →

<미래>
보민 $(7+x)$세 ⎤ 2배
아버지 $(35+x)$세 ⎦

$$2(7+x) = 35+x$$
$$14+2x = 35+x$$
$$x = 21$$

📋 21년 후

23 연속한 세 자연수에서 가운데 수의 5배는 나머지 두 수의 합의 2배보다 39만큼 더 큰 가장 작은 수는?

x로 생각하면
연속하는 세 자연수는
x, $x+1$, $x+2$

가운데 수의
5배   나머지 두 수의 합

$$\rightarrow (x+1) \times 5 = (x + x+2) \times 2 + 39$$
$$5x+5 = (2x+2) \times 2 + 39$$
$$5x+5 = 4x+4+39$$
$$5x-4x = 4+39-5$$
$$x = 38$$

📋 38

<다른 풀이>

가운데 수를 x로 생각하면
연속하는 세 자연수는
$x-1$, x, $x+1$

가운데 수의
5배   나머지 두 수의 합

$$\rightarrow 5x = (x-1 + x+1) \times 2 + 39$$
$$5x = 2x \times 2 + 39$$
$$5x = 4x+39$$
$$x = 39$$

따라서, 가장 작은 수는 $39-1 = 38$

쉬어가기

미지수를 x로 쓰게 된 이유?

미지수를 문자 x로 표시하기 시작한 사람은 프랑스의 철학자이자 수학자인 데카르트(1596~1650)예요. 당시 활자 인쇄술이 발달하여 수학도 책으로 출판하기 시작하였는데, 프랑스어에서는 x가 들어가는 단어가 많지 않아서 인쇄소에 x 활자가 많이 남아 있었거든요. 그래서 미지수를 문자 x로 표시하게 되었다고 합니다.

* 다른 부분 7군데를 찾아 보세요.

▶ 정답은 70쪽

1. 방정식 **49**

쉬어가기

가로세로 낱말풀이

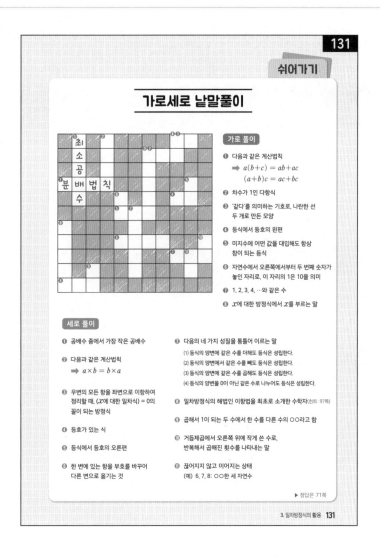

가로 풀이

❶ 다음과 같은 계산법칙
$$a(b+c) = ab+ac$$
$$(a+b)c = ac+bc$$

❷ 차수가 1인 다항식

❸ '같다'를 의미하는 기호로, 나란한 선 두 개로 만든 모양

❹ 등식에서 등호의 왼편

❺ 미지수에 어떤 값을 대입해도 항상 참이 되는 등식

❻ 자연수에서 오른쪽에서부터 두 번째 숫자가 놓인 자리로, 이 자리의 1은 10을 의미

❼ 1, 2, 3, 4, …와 같은 수

❽ x에 대한 방정식에서 x를 부르는 말

세로 풀이

❶ 공배수 중에서 가장 작은 공배수

❷ 다음과 같은 계산법칙
$$a \times b = b \times a$$

❸ 우변의 모든 항을 좌변으로 이항하여 정리할 때, (x에 대한 일차식) = 0의 꼴이 되는 방정식

❹ 등호가 있는 식

❺ 등식에서 등호의 오른편

❻ 한 변에 있는 항을 부호를 바꾸어 다른 변으로 옮기는 것

❼ 다음의 네 가지 성질을 통틀어 이르는 말

(1) 등식의 양변에 같은 수를 더해도 등식은 성립한다.
(2) 등식의 양변에서 같은 수를 빼도 등식은 성립한다.
(3) 등식의 양변에 같은 수를 곱해도 등식은 성립한다.
(4) 등식의 양변을 0이 아닌 같은 수로 나누어도 등식은 성립한다.

❽ 일차방정식의 해법인 이항법을 최초로 소개한 수학자(힌트: 97쪽)

❾ 곱해서 1이 되는 두 수에서 한 수를 다른 수의 ○○라고 함

❿ 거듭제곱에서 오른쪽 위에 작게 쓴 수로, 반복해서 곱해진 횟수를 나타내는 말

⓫ 끊어지지 않고 이어지는 상태
(예) 6, 7, 8: ○○한 세 자연수

▶ 정답은 71쪽

3. 일차방정식의 활용 **131**

답

	❶초		❷교					❹❸등	호
	소		환			❸❷일	차	식	
	공		법			차			
❶분	배	법	칙			방		❺우	
	수			❻이		정	❹좌	변	
				❺항	❼등	식			
❽알					식				
콰			❻십	의	자	리		❿지	
리				성		❼자	⓫연	수	
즈		❾역		질			속		
❽미	지	수							

MEMO